心理学_与
微表情微反应

陈涛涛　王利利◎著

天地出版社 | TIANDI PRESS

图书在版编目（CIP）数据

心理学与微表情微反应 / 陈涛涛，王利利著 . 一成都：天地出版社，2018.10（2023 年 12 月重印）
ISBN 978-7-5455-4066-6

Ⅰ . ①心… Ⅱ . ①陈…②王… Ⅲ . ①表情—心理学—通俗读物②反应（心理学）—通俗读物 Ⅳ . ① B842.6–49 ② B845–49

中国版本图书馆 CIP 数据核字（2018）第 155986 号

XINLIXUE YU WEIBIAOQING WEIFANYING

心理学与微表情微反应

出 品 人	杨　政
著　者	陈涛涛　王利利
责任编辑	张秋红　孟令爽
封面设计	张合涛
内文排版	乐律文化
责任印制	王学锋

出版发行　天地出版社
　　　　　（成都市锦江区三色路 238 号　邮政编码：610023）
　　　　　（北京市方庄芳群园 3 区 3 号　邮政编码：100078）
网　　址　http://www.tiandiph.com
电子邮箱　tiandicbs@vip.163.com
经　　销　新华文轩出版传媒股份有限公司

印　　刷　三河市嘉科万达彩色印刷有限公司
版　　次　2018 年 10 月第 1 版
印　　次　2023 年 12 月第 3 次印刷
开　　本　925mm×660mm　1/16
印　　张　17.25
字　　数　177 千
定　　价　59.80 元
书　　号　ISBN 978-7-5455-4066-6

前　言

　　在日常生活中，我们几乎每天都要和身边的人发生联系，这种种的联系就构成了人际交往。那么，在人际交往中我们如何才能受到大家的欢迎呢？有人说，这很难，因为想要了解一个人的内心是非常难的一件事，你不了解对方，难免会说错话、做错事。这时候你只会招人反感，又何谈受欢迎呢？

　　其实，要说了解一个人的内心很难，那是因为我们没有认真观察，或者说这个人可能对我们不太重要，所以我们觉得没有必要认真观察。很多时候，只要我们愿意花时间用心观察，就可以发现很多非常细微的东西，或者说可以看到人的身体发出的一些信号，也就是这本书要讲的微表情与微反应。

　　微表情，顾名思义，就是持续时间很短的面部表情，大概只有二十五分之一秒。由于它一闪即逝，所以很难伪装，因此它很容易暴露一个人当时真实的情绪、想法或是心理状态。如果你能准确地把握一个人的心理状态和真实想法，就能够正确地应对，也就不会做出往枪口上撞的傻事。本书搜集了很多人们在日常生活中经常会出现的微表情，相信能够帮到大家。如果我们认真了解一下微表情，起码可以辨别谎言。当然，这一切都建立在认真观察的基础上。

微反应则是指人类经过长期的进化而遗传、继承下来的可以帮助人类实现生存和繁衍的本能反应。这种反应是我们无法控制的，也没办法伪装，因为就算是再能伪装自己的人，在遇到有效的刺激之后也会在第一时间出现微反应。所以说，微反应是我们了解一个人内心真实想法和变化的最准确的线索。通过微反应，我们能找到自己想要的真相。

本书从头、手、脚、身体姿势等方面详细分析了日常生活中人们经常会出现的一些微反应，基本涵盖了生活的各个方面，希望能够在人际交往方面帮助到读者朋友。

目　录

Part3 头部动作暴露你的内心

Part4 手臂动作暴露你的内心

Part5 腿脚动作暴露你的内心

Part6 不同姿势暴露你的内心

面目表情暴露你的内心

在日常交际中，只要我们仔细观察他人的细微表情，就能推断出对方是否处于愤怒的情绪中，从而小心应付。否则，对方已经心生怒火了，我们还丝毫不知情，火上浇油，那只会对我们的社交造成负面的影响。

读懂变化万千的眉毛

【心理学故事】

阮丹是一名网站策划人员，经常要根据领导的要求做一些策划案。最近，由于网站改版，需要阮丹与网站编辑一起做出一个关于网站改版的策划案，而编辑主要是提出自己的想法，最终策划的出具者则是阮丹。经过开会商讨、汇总建议等，阮丹花了两天的时间才做出了策划案。

随后，她信心满满地将这个策划案发到了领导邮箱中。可是，正当她忙其他的事情时，领导将她叫到了办公室。阮丹进入领导办公室时，发现领导的眉毛先是轻轻扬起，停留片刻后往下降，并且嘴角快速地撇了一下。此时，阮丹看在眼里，心想领导是不是不满意自己刚刚所做的策划案呢？

她站在那里正想着，领导开口说道："这个策划案虽然总体上比较有想法，但是内容做得并不是太全面。你有没有和其他编辑好好商讨、策划呢？"当阮丹想要辩解自己确实是与编辑们商讨后做出的策划案时，她看到领导的单个眉毛开始上扬，她知道对方可能对策划案心存疑问。

于是，她将想说的话咽进肚子里，因为她深知当领导产生疑问和不解时，不能与其辩解，这样只会火上浇油，引发领导的不满。此时，自己应该放低姿态。因此，她向领导求助道："您看后觉得哪些地方不妥呢？您能给指出还有哪些内容做得不到位吗？我随后再将策划案修改一下。"领导听到阮丹这么问，顿时眉毛变得舒展开来，开始告诉阮丹应该添加哪些内容。

随后，阮丹按照领导的要求来修改和调整策划案。为了防止出现之前的状况，阮丹在将策划案发到领导的邮箱后，又来到领导的办公室中，对他说："领导，策划案已经通过邮件发给您了，您看看还有哪里需要调整的吗？"领导听后，打开了邮箱开始查看。

此时，阮丹发现领导在看策划案时，眉毛舒展开来，并且边看边点头，这让阮丹暗暗放了心。果然，领导在看完策划案后对阮丹赞赏地说："不错，这个策划案做得很全面、很到位。"

【心理学家分析】

眉毛是眼部一个特殊的组成部分，它有三个基本功能：一是用来保护眼睛，可以防止灰尘或是其他东西进入眼睛中；二是起到装饰、美化的作用。特别是女性，她们为了让自己看上去更加漂亮，往往在眉毛上"大做文章"，比如文眉、秀眉等；三是通过眉毛的变化可以看出他人的内心活动和情感变化。所以，有很多词语都用眉毛来形容人的情绪，比如愁眉不展、喜上眉梢、眉飞色舞等。

心理学家表示，眉毛往往是心情变化的"显示器"，变化万千的眉毛能够反映出一个人的真实情绪。比如，当一个人眉头紧皱时，则表示对方可能心情不愉快或是在思考某些事情；当一个人眉头舒展时，则表示对方可能处于心情愉悦的状态。因此，在日常生活中，如果我们仔细地观察他人的眉毛变化，便可以读懂他人的内心变化，从而准确判断一个人的心理活动和性格特征。

那么，哪些眉毛的变化能够反映他人的心理活动呢？对此，有心理学家为我们总结了以下内容：

» 眉头紧锁

心理学家分析，当看到对方眉头紧锁时，表明对方内心正处于忧虑或是犹豫不决的状态中。此时，他可能很需要别人的安慰。

比如，赵超的母亲最近生病住院了，高额的住院费让他忧心不已，在上班时他还想着这件事，眉头一直紧锁着。与他相处不错的同事见此状，走过去对他说："赵超，你最近是不是遇到什么事情，需要帮忙的话直接开口，我一定会尽力帮助你。"当赵超说出自己的忧虑时，那位同事直接给他转了一万元救急。

» 眉毛舒展

心理学家分析，眉毛舒展表明对方的心情很好，心情比较愉悦。此时，与对方交流起来也比较融洽。比如，上文的阮丹在按照领导的要求将方案仔细修改后交给对方，对方看后眉毛舒展，并频频点头，这让她顿时放了心。果然，领导看完后对阮丹进行了表扬。

» 眉毛扬起

心理学家分析，眉毛扬起分为两种情况：一种是双眉上扬，另一种是单眉上扬。双眉上扬往往意味着一个人的内心处于非常欣喜或是极度惊讶的状态；单眉上扬则是表示对方正在思考问题，内心正陷入疑问、不解中。

» 眉毛闪动

心理学家表示，眉毛闪动是指眉毛先是向上扬起，然后瞬间落下来，这往往代表对方心情愉快、内心赞同或是对交谈对象感觉很亲切。比如，沈洋听刚从外地旅行回来的好友讲述各种趣闻时，她的眉毛闪动着，并面露微笑，拉着朋友的胳膊对她说："这么有意思的旅行，下次一定要带上我啊！"

» 眉毛倒竖或是下拉

心理学家分析，眉毛倒竖或是下拉表明对方处于极端的愤怒和异常气愤的情绪中，可能是被人背叛或是被耍了。比如，与丁雷一起合作的伙伴在他遭遇困难时竟然偷偷地撤资了，丁雷得知后暴跳如雷，只见他眉毛倒竖，紧握着拳头。

» 眉毛打结

心理学家表示，眉毛打结是指眉毛同时向上扬起，并且靠得非常近，这表示一个人处于严重的烦恼和忧郁中。比如，在大学毕业后是待在本市继续工作还是回老家发展的问题让李响陷入了深深的烦恼中，只见他眉毛同时上扬，并且相互趋近。

不可小觑的鼻子

【心理学故事】

最近，孙婧与其他同事在聊天时得知，在上下班的途中，总有色狼出没，经常会骚扰一些女性，听闻已经有其他公司的女生被骚扰了，那个女生吓得好几天都没有上班。正当她们热火朝天地讨论这件事时，孙婧发现新来的小陈一直默不作声，鼻尖冒出密密的细汗。

看到这种情况，孙婧猜想，她可能是听闻这件事感到很紧张，毕竟小陈还是一个实习大学生，这种传闻可能是第一次听到，心里不免有些害怕。为了缓解对方的紧张情绪，孙婧问小陈："你平时上下班有人与你做伴吗？以后要不要和我们一起走？"小陈似乎没有听到似的，依然在那里默不作声。于是，坐在小陈旁边的同事就碰了她一下。

谁知，小陈竟然瞪大眼睛，大喊一声："不要碰我！"这让其他同事吓了一跳，都盯着小陈看。孙婧发现此时的小陈脸涨得通红，鼻孔扩大。小陈愣了几秒才缓过神儿来，急忙说："对不起，对不起，我以为是在地铁上碰到了色狼。"此时，同事们才知道，小陈曾经遭遇色狼的骚扰。

原来，有一次她下班一个人坐地铁时，由于地铁比较拥挤，她特意找了一个角落站在那里。可后来，由于上车的人比较多，将她挤到了人群中。就在她快要到站时，却发现身边一个男生一直在她身后磨蹭着，而且还用手去摸小陈的屁股。这让小陈感到非常紧张和害怕，她不敢声张，也不知道该怎么办。为了躲避那个人，她只好向门口移动，可那个男生却再次贴了过来。此时，正好到站了，小陈急忙挤出地铁门。从那以后，她都不敢一个人坐地铁了。

听完小陈的讲述，孙婧才明白她为何会有那种异常的举动。当同事碰她时，她以为自己再次遇到色狼，内心非常恐惧，从而产生了鼻孔扩大的现象。于是，孙婧安慰她道："别害怕，以后我们一起上下班。遇到色狼一定不要忍气吞声，一定要及时打电话报警，学会保护自己。"小陈听了，默默地点了点头。

【心理学家分析】

鼻子位于面部的正中央，提到它，很多人首先会想到它有识别气味的功能，能够闻到各种气味。其实，除此之外，鼻子还有一个非常重要的功能——通过鼻子洞察他人的内心活动，读懂对方的情绪变化。心理学家经过研究发现，当一个人鼻孔扩大时，则表明对方的内心处于恐惧、害怕的状态；当一个人鼻头冒汗时，则表示对方产生了焦虑、紧张的心理……

　　为何人的内心变化会表现在小小的鼻子上呢？经过研究发现，这可能与人的生理反应有关。比如，当他人提出要求我们必须回答的问题时，而这个问题又是我们难以给出答复的，此时，我们内心就会很纠结，产生复杂的想法，从而对鼻子造成压力，让其感到不舒服。于是，我们就会用手去摸、揉鼻子，以消除那种不适感。

　　在日常生活中，我们仔细观察便会发现：当一个人感到很为难时，他会下意识地捏一下鼻梁。这是因为面对的问题比较困难，鼻梁下的鼻窦位置会产生轻微的疼痛感，如果用手去捏，就能缓解疼痛。一般来说，当人们做这个动作时，常常会长出一口气，这表明对方感到非常为难和紧张。

　　鼻子还能反映出人的哪些心理活动呢？在此，我们就来看看心理学家是如何为我们总结的：

» 鼻孔扩大

　　心理学家分析，当一个人情绪比较激动的时候，鼻孔就会扩大。这是因为人们处于紧张的状态中，呼吸和心律都会加速，从而导致鼻孔膨胀的现象，以便吸入更多的空气，满足身体的需要。这表明此人正处于愤怒或是恐惧的情绪中。

　　不过，有时候鼻孔也会因为兴奋而扩大，所以，"呼吸急促"往往表示一种兴奋的状态。与人沟通时，我们要根据所处的环境来做出具体的判断。

» 鼻子皱起

　　一般来说，当人们闻到一种难闻的气味时，就会不由自主地皱起鼻子。不过，心理学家表示，如果出现这种动作时，伴随着严肃的面部表情，则表示对方的内心是蔑视、厌恶的。从根本上来说，这是一种傲慢的态度，对他人不屑一顾。所以，遇到这种人时，我们应该敬而远之，不要与其交往。

比如，在一些影视作品中，我们常常会看到这样的情景：不少养尊处优的富家子弟在见到路边的穷苦百姓时，常常会皱起鼻子，露出厌恶的表情，有时候还会发出"哼"的一声，以傲慢的姿态走过去。

» 鼻尖冒汗

心理学家分析，当一个人鼻尖冒汗时，则表明对方比较焦躁和紧张。一般来说，当人遇到危险或是比较紧迫的情况时，内心会因为紧张而导致鼻尖出汗。事实上，当人处于比较紧张的状况时，身体的多个部位都会有冒汗的现象，但鼻尖冒汗更易被他人察觉。

另外，鼻子还有其他一些反应。比如，当人闻到刺激性的气味或是诱惑性的味道时，鼻子往往会有明显的伸缩动作，这表明他可能对此很感兴趣；如果鼻子不受控制地不断抽搐，则表明这个人可能正陷入悲伤的状态中。因此，与人交往时，通过观察他人的鼻子，我们便能清楚地看到他人的内心活动。

嘴角间的小秘密

【心理学故事】

李悦与孙淼是多年的好友，可前段时间两个人因为某件事情有了矛盾。之后，李悦便不再与孙淼联络，有什么事情也不愿去找她。可最近，李悦的妈妈因为生病需要住院做手术，而医院床位比较紧张，一时间没有多余的床位，只能在走廊安排一个临时的床位。可正值冬季，虽然医院有暖气，但人来人往的，很乱，让妈妈无法好好休息。这让李悦看了非常心疼和着急，不知道如何是好。

此时，李悦的姐姐问她："你的好朋友孙淼不就在这家医院上班吗？能不能去找她帮一下忙呢？毕竟她是医院的内部人员，可能会帮我们解决这个问题。"李悦不好意思地回答道："可是，前段时间我和她因为某件事产生了矛盾，最近我都没有主动联系过她。"姐姐说："你不试一下怎么知道到底可行不可行呢？"

于是，李悦只好硬着头皮去找孙淼。当时，孙淼正好在医院查房，在走廊的过道上，她看到李悦时，嘴角上扬，亲切地打招呼道："悦悦，好长时间不见了，怎么来医院了，是身体不舒服吗？"李悦见孙淼待她还像之前那样随和、亲切，与孙淼的包容、大度比起来，自己似乎也太小心眼了，就因为一些小事而对她心生芥蒂，还有意与其疏远。

于是，李悦便将妈妈生病的事情告诉了孙淼。孙淼在听的过程中，嘴巴张开着。听完后，她埋怨李悦道："这种事情你怎么不早点告诉我呢？还拿我当朋友吗？阿姨生病动手术就需要静养，住在走廊上多影响休息啊！我这就查查，看看医院今天有没有患者出院，把床位给阿姨留出来。"随后，孙淼查看了医院的出院记录，很快找到了空余的床位。

【心理学家分析】

众所周知，嘴巴是传递信息的主要途径，正因为如此，我们常常会忽略它所出现的一些细微动作和变化。有心理学家表示，嘴巴有时候不用说出有声语言，同样也能表达出内心的情感和变化。与人交往时，我们通过嘴部的细微变化便能发现他人内心的秘密。

比如，上文中的李悦虽然与好友孙淼有矛盾，但孙淼看到好友李悦时，李悦嘴角上挑，依然很亲切地与其打招呼，这表明对方是胸襟开阔、宽宏大量的人，不会记恨那些曾经和自己产生过矛盾的人。

那么，还有哪些嘴部动作和变化能够真实地反映出一个人的内心活动呢？在此，我们就来看看心理学家是如何分析的：

» 嘴角往下压

心理学家分析，当一个人嘴角往下压时，此人的整个嘴部也会出现下垂的动作，这表明对方正处于不良的情绪状态中，可能是懊悔、悲伤等。虽然他有可能在极力掩饰内心的情绪，但嘴角这个细微动作最终还是暴露出其内心的秘密。比如，安安在考试时因为粗心做错了一道大题，从而丢了几十分。在拿到试卷后她懊悔不已，嘴角往下压。

» 嘴角扁平，嘴唇抿成"一"字形

心理学家分析，当发现一个人的嘴角扁平，并将嘴唇抿成"一"字形时，这表明对方可能需要做出重大的决定或是事态比较紧急。出现这种反应，代表此人正陷入了思考的状态中。另外，如果习惯性做出这个动作，表明这个人做事情坚持不懈，不畏惧困难，总是迎难而上，所以更易获得成功。

比如，周阳本打算去找部门经理商量某个问题，可他发现经理正在那里用手扶着额头，嘴角扁平，嘴唇抿成"一"字形时，猜想领导可能在思考事情，便没有上前打扰对方。

» 撇嘴

心理学家表示，撇嘴的动作是指下唇向前伸、嘴角向下垂，这往往表明当事人的内心正处于悲伤、愤怒或是不屑等不良的情绪中。比如，美国前总统小布什因某事被公众指责时，嘴角就做出了这样一个小动作。

» 噘起嘴巴

心理学家表示，当一个人的嘴唇向前噘起时，表示当事人可能内心不满或是持有不同的意见。比如，在开会过程中，我们仔细观察就会发现，当我们提出某个意见时，如果他人表示不同意，有的人就会噘起嘴巴。

不过，噘起嘴巴并不是完全表示内心不满或是不同意某种看法，有时候，有些爱撒娇的女生也会对男友做出这个动作。

» 舔嘴唇

在日常生活中，我们可能都曾有过这样的经历：当承受很大的压力时，我们常常会感到口干舌燥，就会下意识地用舌头去舔嘴唇。心理学家分析，当人内心紧张或是感到不适时，也会不断地舔嘴唇，以此寻找自我安慰，并希望通过这样的动作来缓解内心的不安。在人际交往中，当我们发现一个人总是不断地舔嘴唇时，这表明对方可能有些不自信。

» 嘴巴紧闭

心理学家分析，当一个人嘴巴紧闭时，往往会给人一种拒人于千里之外的印象。虽然他们看似不想说话，其实内心却有不良的情绪在涌动，可能正处于愤怒、悲伤等情绪中。

比如，当娟娟正想找同宿舍的小婕说事时，却发现她嘴巴紧闭着，面带悲伤。对此，她猜想对方可能遇到了什么不快的事情，所以话到嘴边又咽了回去。后来，娟娟得知，小婕最近刚与男友分手。

» 嘴巴张开

心理学家分析，当嘴巴张开时，并不是表示此人要说话，有可能代表着疑问、惊讶、恐惧等心理。有时候，大笑时也会出现这个动作。比如，上文的孙淼在得知好友李悦的妈妈生病住院一事时感到很惊讶，所以在听的过程中，嘴巴会不由自主地张开。

» 食指放在嘴唇上

心理学家分析，当发现一个人双手交叉相握，并将两个食指放在嘴唇上，则表明对方正竭力克制自己的情绪，以让自己平静下来，可能有事情想向他人坦白。如果我们看到他人做这个动作，先不要去打扰对方，更不要去逼问对方，因为他想好了自然会告诉我们。

因此，在人际交往中，我们不要忽略了嘴角间的细微动作变化，因为它能够泄露一个人内心最真实的想法。

恐惧的微表情

【心理学故事】

张柠是一个喜欢追求刺激的女孩子，每次去某个地方游玩时，她都要去玩比较刺激的项目，比如，蹦极、"鬼屋"探险等。有一次，她与几个好友去日本富士山旅行，在旅行前，张柠就听闻富士山的"鬼屋"是最为恐怖的，所以她决定到了富士山要做的第一件事就是去"鬼屋"探险。

当张柠将自己的想法告诉同行的晓婷时，晓婷还没有听她说完，眉头不由得上扬，眉毛稍微扭曲，她立刻不安地说："你可不要拉上我啊！我胆子出奇地小，你又不是不知道。你可以叫袁伟与你一起去，毕竟他是男生，可能胆子更大一些。"于是，张柠又兴致勃勃地去找袁伟。

袁伟听了张柠的想法后，并不是很想去"鬼屋"，他心里也有点害怕，因为他听闻富士山"鬼屋"是相当恐怖的，还被吉尼斯纪录认定是世界上最大、最恐怖的鬼屋。可是，他又不好意思在女生面前露怯。于是，他故作轻松地说："没问题，我也想去看看呢。"

当他们几个人到达日本后，张柠便和袁伟一起去了"鬼屋"。他们刚刚走进门口，里面的光影效果就让袁伟有些不寒而栗，他的眉毛不由自主地提升起来，并变得扭曲，眼睛也睁得很大。张柠见此状，猜测他内心可能有些害怕，便打趣道："怎么了，才刚进来就有些害怕了？"袁伟逞强道："哪有？只是刚进来，有些不适应。"

于是，他们俩接着往里走，正往前走时，突然从阴暗而血腥的场景中冒出来一个披头散发的"鬼"。此时，张柠和袁伟都吓得尖叫了一声，她本能地躲在了袁伟的身后，并闭上了双眼。而袁伟也吓呆了，心跳得厉害，身体僵硬。

过了好一会儿，袁伟才镇定下来。他心有余悸地问张柠："咱们还往里面走吗？"张柠虽然也有些害怕，但她还是坚持要往里面看看。于是，袁伟只好硬着头皮和张柠接着往里面走。

正当他们往前走时，一段凄厉、令人毛骨悚然的音乐响起，紧接着，一个丧尸模样的人突然抓住了张柠的胳膊。张柠再次吓得尖叫起来，而且身体有些发抖，手心出汗，而身边的袁伟看着那具"丧尸"顿时吓得脸上没有了血色，鼻孔扩大，感觉呼吸都变得困难，豆大的汗珠不断掉落。那具"丧尸"见此状，立刻松开了张柠。

这次，他们俩都被吓得不轻，好半天才缓过神过来。此时，袁伟不得不对张柠说："我们还是别往里面去了，再进去我可能会被吓死。"而张柠自己一个人也不敢再继续前进。于是，两个人快速返回了入口。

【心理学家分析】

恐惧就是惊慌害怕，惶惶不安，是一种人类以及其他动物共有的心理活动，被认为是基本情绪的一种。从心理学角度来说，恐惧是一种企图摆脱、逃避某种情境而无能为力的情绪体验。

著名的生物学家达尔文经过研究发现，哺乳动物的恐惧表情与人类的恐惧表情几乎是一样的，在恐惧的瞬间都会表现出"眉梢上扬、瞳孔扩大、眼神发直、嘴巴张大、无意识地惊声尖叫或呼吸暂停、憋气、脸色苍白、表情呆若木鸡"。当面临更大的恐惧后，人们还会出现肌肉僵硬、不由自主地发抖、身上起鸡皮疙瘩、直冒冷汗等。与此同时，人体的内脏器官功能亢进、肾上腺素加速分泌、思维变慢或是停滞，也就是我们常说的"吓傻"了。

而对于一些身体比较弱的人来说，还会出现短暂的昏厥情况。心理学家表示，这种人的心理机制是对恐惧情境的一种快速逃避反应，昏厥过去便什么都不知道了，恐惧感也就不存在了。另外，有的人在恐惧过后还会出现选择性遗忘的情况，只有经过催眠才能唤起这段记忆。

有心理学家表示，由于内心恐惧程度的不同，呈现出来的表情也有所不同。按照内心恐惧程度的不同，可依次分为轻微担忧、担忧、不安、害怕四种状态。

» 轻微担忧

当一个人处于轻度担忧的状态时，他的表情中只有眉毛和眼睛会流露出担忧的情绪。此时我们会发现，对方的眉毛虽然没有大幅度的提升，但其眉头上扬，眉毛稍微扭曲。心理学家表示，如果眉毛提升或是扭曲得比较厉害，则表明对方可能由担忧转为不安，甚至有些害怕。

比如，上文中的晓婷在听了好友张柠的提议时，内心感到轻微的担忧，所以还没有等对方说完，她的眉头便不由自主地上扬，眉毛稍微扭曲。

» 担忧

心理学家分析，当一个人的嘴巴轻微闭紧，眉毛皱起，表明对方的内心处于担忧的状态中。嘴巴闭紧是在克制自己，而皱眉则代表内心的压力和关注。比如，老何是一名货车司机，经常在外面跑车，每次他出门时，妻子都会非常担忧，送丈夫出门时嘴巴会不由自主地闭紧，眉毛皱起。

» 不安

心理学家分析，当一个人的嘴巴处于松弛的状态，眉毛却依然扭曲，并且眉头扬起，这表明对方的内心非常不安，可以用"坐立不安"来形容当事人的心理状态，比担忧的程度稍微有些重。

» 害怕

心理学家分析，当一个人的眉毛向上提升并扭曲，眼睛睁得很大，心跳加快、身体僵硬、呼吸变慢等，表明对方的内心非常害怕、恐惧；如果恐惧加强，则会出现短暂的呆滞，此时，对方的脸上没有血色、呼吸比较困难、瞳孔放大，就像上文中的张柠和袁伟在"鬼屋"中受到惊吓时出现的表情。

在日常生活中，我们仔细观察会发现，在每种情境中，恐惧的程度是不同的，所呈现的表情也是不同的。所以，与人交往的过程中，我们在观察对方的面部表情时要注意细微的差别，才能做出准确的判断。

这才是真正的悲伤

【心理学故事】

最近，蒋涵与相恋三年的男友分手了，这让她非常难过，在回家的路上，眼泪就像是断了线的珠子，大颗泪珠"吧嗒吧嗒"往下掉。在快要到家门口时，为了不让家里人担心，蒋涵刻意地抑制住内心的悲痛，她快速地擦干眼泪，整理了一下妆容，像没事似的走进家门。

可是，蒋涵与姐姐打招呼时，她哽咽的声音和红红的眼睛还是"出卖"了她。姐姐感觉很不对劲，她关心地问："涵涵，你怎么了？眼睛怎么红红的？"蒋涵不敢与姐姐对视，一边朝着自己的房间走，一边回答道："外面风大，眼睛进了沙子，我把眼睛揉红了。"蒋涵在说这些话时，为了掩饰自己的情绪，她先润了润喉咙，尽量让自己的声音听起来很正常。

但细心的姐姐还是听出了破绽，她发现妹妹在说完话后，嘴巴紧闭着，嘴部出现轻微的抖动，而且眉毛有些扭曲。因此，她猜测妹妹可能遇到了非常悲伤难过的事情。所以，她不再追问妹妹，待她进入房间后，她也跟着进去了，并将门轻轻地关上。

待蒋涵坐下后，姐姐走到她跟前，拍着她的背说道："不要压抑自己的情感了，想哭就哭吧。今天爸妈都不在家，你哭完之后再给我说说你的伤心事吧。"蒋涵听后，再也抑制不住自己的悲伤，忍不住"哇"的一声痛哭起来。只见她眉毛扭曲，眼睛紧闭着，嘴角向两侧拉伸，并向下拉低嘴角，在哭的同时，身体还有些抖动。

在痛哭一段时间后，蒋涵的情绪逐渐平稳了下来，然后她告诉了姐姐自己与男友分手的事情。姐姐听后，安慰她道："失恋没什么，它只会让你成长得更快，而且在认识新的人之后你会发现，原来还有这么多比他优秀的男生。所以，你在哭过之后就要对这段恋情画上一个句号了，不要再想对方，更不要再为此伤心了。"

蒋涵无奈地说："可在我脑海中总是想着我们之间的美好回忆，我怎么也忘不掉。"说完，眼泪又不由自主地掉落下来，她有些失神，似乎在回忆她与男友之间的事情。姐姐见此状，立刻打断了她的思绪，说道："我知道你此时是相当悲伤、难过的，但时间是最好的疗伤灵药，就让时间来冲淡这段记忆吧。不过，你也要尝试着打开内心，去结交新的朋友，才能遇到更优秀的男生。"

蒋涵若有所思地看着窗外，但眼神中依然透露着平静的忧伤，眉头间呈现出轻微的扭曲，似乎还沉浸在失恋的痛苦中。

【心理学家分析】

心理学家表示，悲伤是大多数高等哺乳动物都会产生的情绪反应。不过，这种情绪表现在人类身上最为明显。一般来说，人们的悲伤情绪主要是由于经历上的挫败，比如失恋、离婚、亲人离世等。在日常生活中，我们会发现人们处于悲伤的情绪状态时往往会痛哭，但有时候，有的人会抑制自己的悲伤情绪，不过其内心的"伤"还是会在表情中显现出来。

悲伤最为典型的反应就是哭。一般情况下，当人感到无力处理某件事时就会通过哭来发泄内心的悲伤。比如，当小孩子想要买玩具时，就会通过哭来引起父母的注意；当成人感到内心悲伤到极点时，也会忍不住痛哭。因此，心理学家总结了痛哭的表情：

» **眉毛扭曲**

双眉会往下压，眉形趋于平整，但内侧会呈现出扭曲的状态，眉头间出现纵向的皱纹。不过，有时候恐惧的表情中也有眉毛扭曲的状态，但由于过度悲伤会导致眼轮匝肌收缩，所以眉毛会扭曲得更为严重。

» **眼睛紧闭**

眼轮匝肌收缩时，会导致眼睑的闭合，此时，在眼角内侧会形成皱纹，而外侧则会由于相互挤压而形成鱼尾纹。眼睛紧闭是由眼轮匝肌收缩和部分皱眉肌收缩共同作用形成的。

» 嘴角拉低

当颈阔肌收缩时，会将嘴角向两侧拉伸，从而使嘴部的水平宽度比平时大一些。同时，嘴角也会向下拉低，会露出嘴角位置的下牙齿。此时，下嘴唇会呈现出 w 型，这种口型是人在遭受痛苦时特有的表情。

由于外界刺激的力度和人们控制情绪的程度，可以将悲伤分成不同的等级，比如，忧伤、抽泣、默默流泪、号啕大哭等。我们可以通过对方不同的悲伤表情来分析对方的悲伤程度，从而识别对方真实的心理状态。对此，有心理学家为我们总结出以下内容：

» 忧伤

心理学家分析，对方神情忧伤，表明对方内心很悲伤，可能在想一些不开心的事情，对方可能没有哭或是已经哭过了，也有可能即将达到悲伤情绪的边缘。此时，他们的表情会呈现出：眉头下压，嘴巴紧闭，眉宇间有忧愁之色。

» 抽泣

心理学家表示，当看到一个人抽泣时，表明对方的内心很委屈，可能有些憋屈；虽然他没有大声地哭泣，可能是因为内心的悲伤还未达到那个程度，所以默默地抽泣，表明悲伤的情绪是能够化解的。此时，他们会默默坐在那里，不停地用纸巾或是手绢拭去泪水，虽然听不到哭声，但眼睛是红的，还会因为哭泣出现鼻子喘息的声音。

» 闭着嘴巴痛哭

有的人会闭着嘴巴痛哭，有的人则会掩口哭泣。心理学家表示，出现这种表情时，除了嘴巴会有明显的变化外，眉毛会皱起，并向中间聚拢，眼睛紧闭，这表明对方内心的悲伤是难以言说的，在本能地抑制悲伤情绪的释放，所以会出现闭着嘴巴或是掩口的动作。

另外，当人哭完之后，声音往往是哽咽的，但为了掩饰自己的真实情绪，说话前会先润润喉咙，以让自己的声音听起来很正常。可再多的掩饰也会露出破绽，从颤抖的声音中，还是能够辨识出一个人的悲伤情绪的。比如，上文的蒋涵在外面痛哭后回到家中，担心被家人看到，所以刻意地压抑情绪，但最后还是被细心的姐姐发现了。

» 号啕大哭

心理学家分析，号啕大哭往往会出现双眼紧闭、流泪，身体不由自主地颤抖等表现，这是由于刺激的力度过于强烈而导致的。比如突然听闻亲人离世的消息等。

因此，我们可以通过观察他人的悲伤表情来判断对方的悲伤程度，从而了解对方的真实情绪状态。

心生怒火的微表情

【心理学故事】

吴昊是公司的老好人，脾气也非常好，经常会主动帮助其他人做一些事情，时间久了，大家都形成了习惯，只要一有事就会找他。比如，当轮到其他人值班时，有的同事就会让吴昊代替自己；有的同事偷懒不想打扫卫生，也让吴昊帮忙。而吴昊从来就不会推脱、拒绝，只要他人开口，他总是立刻应承下来。所以，大家都称吴昊是"活雷锋"。可不承想，这位"活雷锋"虽然脾气超好，但也有愤怒的时候。

有一天，吴昊所在部门的一位同事在做季度报表，可临近下班，她依然没有做完，而今天正好是她男友的生日，说好下班后一起为男友庆祝的。可现如今她还剩下一些表没有做完，如果加班将其做完，可能还要一个多小时，到时候再过去的话就太晚了。

此时，她立刻想到吴昊，便走过去对吴昊说："活雷锋，能拜托你帮个忙吗？"吴昊微笑着说："说吧，什么事？"她说："我的报表还剩下三分之一没有做完，可今天是我男友的生日，你能帮忙把剩下的做完吗？"吴昊立刻答应道："没问题，你发给我吧。"同事立刻感激地说了声"谢谢"。

第二天，那位同事的报表出了问题，有一些数据是错误的。只见领导眉头微微蹙起，问她报表的情况，她立刻推脱责任道："后来我有事让吴昊代劳了，是他的问题。"紧接着，领导便开始批评吴昊做事不认真，竟然出现这么多错误。可吴昊看了领导指出的错误之处，那些根本就不是他做的。

这让他很愤怒，自己明明好心帮忙，却要背上这样的黑锅，还受到领导的指责和批评。他越想越气，此时，只见他双唇紧闭，眉毛下压，脸色涨成紫色，脸颊的肌肉稍微有些颤抖，锐利的目光射向那位同事。而对方自知理亏，看到吴昊的表情，立刻躲开了他的目光。

之后，吴昊再也不在公司中做老好人了，每天他只把自己的本职工作做完就回家，与同事的关系也渐渐冷淡下来。

【心理学家分析】

愤怒是一种原始的情绪，在动物身上往往也会出现，例如面对求生、争夺食物等情况，当它们自身受到威胁时，就容易愤怒。而作为人类，愤怒是指由于心中极度不满而导致情绪激动。一般来说，愤怒是人们因为自己的愿望难以实现或是为了达到某种目的而受到挫折时引起的不愉快情绪。受到的威胁同样也是刺激源，当人们受到威胁时，内心深处就会产生愤怒的情绪。

那么，点燃怒火的威胁刺激源来自哪里呢？对此，有心理学家为我们总结出以下几点：

» 抽象的威胁

心理学家分析，这里所说的威胁刺激，并不是单纯的形式上的威胁，比如口头警告或是用武器恐吓等，而是指抽象的威胁，即个人认为可能对其造成伤害的情境。个人会对刺激源是否能对自己造成威胁进行评估，如果认为经过自身的努力能将其消除，则有可能会心生怒火；如果在内心认为自己无法消除威胁，则为恐惧；如果完全不把威胁放在眼里，则会心生厌恶。因此，是否存在威胁，要根据个人情况来定。

» 被否定

心理学家表示，当一个人被他人直接否定，比如被他人说"你不行""你太差了"等，或是遭到他人的蔑视、不屑，抑或是挑衅、不尊重等时，都可能引发愤怒的情绪。

» 自由受到限制

心理学家表示，当个人的自由受到限制时，就会心生愤怒。比如当孩子想要出去玩耍，却被父母强行关在房间里看书、学习，他的计划被父母的干涉破坏了，就会心生愤怒。

» 驾驶的愤怒

这是一种比较常见的愤怒，而且是很容易产生愤怒的情境。对于有开车经历的人来说，都可能会出现这样的驾驶愤怒。比如，有的车突然抢道或是该加速时不加速，抑或是转向时不打转向灯等，都会导致人们愤怒地脱口而出："你会不会开车啊？"

当事故造成损失，即车子出现了剐蹭等，涉及理赔、修车等很多麻烦的事情，这是导致个人愤怒的原因，也会直接影响接下来正常生活的安排。

» 利益争斗

心理学家表示，所谓的利益争斗，即自己的利益遭到他人的威胁。此时，利益本身只是一种表象，利益受损所代表的未来威胁才是核心问题。比如，某公司的两个部门去向领导要预算，在此过程中，不管是两个部门的负责人使用何种方法，也不管领导会给出什么样的预算结果，只要两个部门间存在不良的竞争行为，都会引起他们的愤怒。然而，愤怒的根本原因不是领导批多少预算，他们并不是单纯地关心那个数字，而是关心数字背后的竞争结果。

经过研究发现，人们的愤怒情绪出现得比较早。婴儿在三个月大时就出现了愤怒的情绪，这是因为大人们会限制婴儿探索外界的环境。比如父母会限制婴儿的活动范围或是不给他们玩具等，从而引起他们的愤怒。所以，当看到婴儿哭闹不已、手脚乱动时，则表明他们可能在发脾气。

而对于成年人来说，由于受到道德规范以及个人修养等因素的影响，愤怒的情绪往往不易被人发现。不过，即使是一个面无表情的人，当其内心燃起熊熊怒火时，我们只要仔细观察，依然会发现对方愤怒的微表情。

比如，上文的吴昊本来好心帮同事的忙，谁知出现问题后，同事却逃避责任，让他背黑锅，虽然他没有气愤地指责对方，但他双唇紧闭，眉毛下压，脸色涨成紫色，脸颊的肌肉稍微有些颤抖，这表明吴昊心中的怒火已经在燃烧，只是在克制自己不要发作。

心理学家总结，一个人的愤怒表情通常会通过眉毛、眼神、脸色、嘴巴等表现出来。

» 眉头紧蹙

心理学家表示，当一个人心中有怒气并刻意压抑时，其怒火就会通过眉头表现出来。比如，眉头微微蹙起、眉毛下拉、眉毛倒竖等，这表明对方的心中已经燃起怒火，只是受到环境的约束而不便发作。此时，我们应该小心应付，不要将对方的情绪火药库"点燃"。

» 眼神锐利

心理学家表示，当一个人心生怒火时，我们会发现对方的上眼睑大幅提升，下眼睑则会变直，并且紧绷，从眼睛中会射出锐利的目光。所以，当我们看到他人的这种表情时，要注意调整自己的言行方式，以免进一步激怒对方。

» 脸色变化

心理学家表示，当人们处于愤怒的情绪中时，可能会因为当时的情境所迫而无法当场发作，此时，对方便会强忍着愤怒。由于强压内心的怒火，从而对脸色带来影响，即对方的脸色可能会涨成紫色，即我们常说的"脸都涨成了猪肝色"。

　　另外，除了脸色的变化，我们还可以观察对方的脸部肌肉是否处于紧张的状态。当心中憋着怒气时，自然就会引起肌肉的紧张和收缩。此时，我们就会注意到对方脸颊的肌肉在微微颤抖，这种微表情代表对方正处于愤怒的状态中。

》嘴巴紧闭

　　心理学家分析，由于每个人愤怒情绪的表现方式不同，所以有的人发怒时会气得骂人，有的人生气时则会紧闭嘴唇，什么也不想说，其实，这表明对方可能是在控制自己的愤怒情绪。此时，对方的上唇会提升，下唇向上，与上唇紧紧地抿在一起，嘴唇变薄，如同拉伸的直线。

　　因此，在日常交际中，只要我们仔细观察他人的细微表情，就能推断出对方是否处于愤怒的情绪中，从而小心应对。否则，对方已经心生怒火了，我们还丝毫不知情，火上浇油，那只会对我们的社交造成负面的影响。

惊讶时的真实表现

【心理学故事】

　　最近，梁惠的男友因为工作原因去外地出差一个月，而在这段时间里，正好有一天是梁惠的生日。之前，男友就曾抱歉地表示，到时候可能无法陪她过生日，但一定会给她送个特别的生日礼物。当时梁惠听了，心里不免有些失落。可想到男友也是为了工作，为了他们的将来，内心就稍微好受点。

　　在梁惠生日的当天，她百无聊赖地窝在沙发中发呆，虽然收到不少朋友的祝福和礼物，但没有男友在身边，她还是感到有些孤单和失落，连平时喜欢看的电影也提不起兴致看。正当她在冷清的房间中发呆时，男友打来电话。电话刚刚接通，那端就传来男友的声音："亲爱的，生日快乐！"梁惠听了，一点也高兴不起来，沮丧地说："一点都不快乐，你又不在我身边。"

　　此时，男友似乎也受到梁惠情绪的影响，叹着气说："我也想在你身边陪你过生日啊，可是工作让我无法分身去陪你。"男友顿了一下，接着说："别不高兴了，我给你快递了一份特别的礼物，你应该马上就收到了，再等几分钟就到了。"梁惠依然兴致不高："什么特别的礼物啊？"男友故意卖关子回答道："等你收到就知道了。"

正当他们还在你一言我一语地聊着天时，门铃响了，男友似乎也在电话那端听到了，急忙说："门铃响了吧，你快去开门吧，可能是我快递给你的礼物到了。"梁惠只好从沙发中爬起来，一边接着电话，一边去开门。当打开门的瞬间，她瞳孔扩大、眉毛上扬、嘴巴微微张开，脸上露出了微笑："你怎么回来了啊？"

只见男友正站在门口，一只手拿着手机，一只手捧着花，俏皮地说："惊不惊喜？意不意外？祝你生日快乐！"此时的梁惠像个孩子似的，立刻扑到男友的怀中，高兴地说："当然惊喜，当然意外了，原来'特别礼物'就是你啊！"说完，她更加开心地紧紧抱住男友，生怕他跑了似的。

【心理学家分析】

惊讶有惊奇、惊异之意，动物与人类都有这样的表情。对于动物来说，当它们一旦感受到任何风吹草动时，就会立刻通过敏锐的感官来进行综合判断，试图搞清楚所处的环境是否存在危机。此时，它们往往会停止一切活动，将头部抬高（因为动物大部分的感受器官都集中在头部），用眼睛、鼻子、耳朵等器官来对周围的环境进行侦察：附近有没有危险、它们距离自己有多远、自己是跑还是对抗……

而这些问题都需要在一秒钟内得出大概的判断结果，否则可能会危及生命。为何反应的时间如此短暂呢？因为一秒的时间足可以让猎豹逼近 35 米。所以，如果惊讶的时间过长，后果可想而知。

而人类同样也有这种本能的反应，当感受到意外的刺激时，会停下所有的动作，将身体的感觉器官充分地激活，以接收尽可能多的信息，从而决定自己下一步的行动。

心理学家表示，产生惊讶情绪的刺激源比较简单，即个人预料不到的意外变化。但能够引发明显表情变化的刺激源，往往是个人所关心的事情，因此，刺激的力度比较大。比如，喜从天降和飞来横祸在第一时间都会引发相同的惊讶表情，随后才会发展成为惊喜或惊恐。

一般来说，惊讶的表情会呈现出：额肌收缩，眉毛向上大幅度地提升，如果是年龄比较大的人，其前额则会产生水平的皱纹，而年纪比较小的人，前额则较为平坦，没有皱纹；上睑肌大幅度地提升，眼睛睁大；嘴巴会不由自主地张开，并快速地吸气。

如果遇到意外之喜，既有惊讶情绪的存在，同时，还会面露笑容，即眉梢上扬，嘴巴轻微张开。比如，上文中的梁惠本以为男友不会回来陪她过生日，却不曾想，男友为她制造了一份惊喜，所以她惊喜的表情展露无遗：瞳孔扩大、眉毛上扬、嘴巴微微张开，脸上露出了微笑。

在日常生活中，我们常常会看到他人的惊讶表情，而在那些面孔上所呈现出来的表情都是相同的：眼睛睁大，眉毛抬高，似乎表示难以置信。心理学家分析，人们之所以会睁大眼睛是为了看得更清楚，以获得尽可能多的视觉信息，帮助个人判断刺激源的性质和潜在的影响。而眉毛抬高，则是一种附属的结果，是为了睁大眼睛而调动额肌，从而让眉毛大幅度地提升。

比如，玥玥的公司最近新来一位部门经理，当新来的部门经理走进办公室时，玥玥惊讶地睁大了眼睛，眉毛抬高。原来那位部门经理竟然是她的大学学长，而且她曾偷偷地暗恋过他好长一段时间。

另外，惊讶情绪与其他不同的情绪会有一些组合。在此，我们就来看看心理学家是如何为我们归纳的：

》惊讶转为厌恶

心理学家表示，惊讶与厌恶可以组合成一个整体的表情。如果我们发现对方的上眼睑明显地提高，而且虹膜露出很多，则表明对方有惊讶的情绪。而厌恶的表情则会呈现为：皱眉、比较深的鼻唇沟。当这种表情加入惊讶表情中，就会出现惊讶与厌恶表情的组合。不过，在现实生活中，这种表情是比较细微的，往往不是很明显，如果不仔细观察，是很难发现的。

》惊讶转为悲伤

心理学家表示，在日常生活中，如果我们不慎闯了祸或是听闻不好的消息，就会从惊讶的表情转为悲伤。此时的表情往往会呈现为：眉毛下拉，但眼睛睁得很大，这是惊讶的表情；眉毛下拉，嘴角向下撇，则是悲伤的表情。

比如，晓蓉刚刚买了一款新推出的智能手机，价格非常昂贵，她一直视为宝贝似的，相当爱惜。可一天她下公交车时，手机突然从手中滑落，掉在了地上，手机屏幕摔出了一道裂纹。在这一瞬间，只见晓蓉由原来的眉毛下拉、眼睛睁大，转为眼神中充满了哀伤，嘴角向下撇。

» 惊讶转为愤怒

心理学家分析，惊讶的表情往往会呈现出：瞪大眼睛，虹膜几乎全部露出来。但仔细观察，我们会发现其中也有愤怒的表情：双眉往下压，上眼睑提升。如果看到他人露出这种表情，对方可能会说一句："你说什么？"

在人际交往中，虽然惊讶的表情呈现的时间比较短，但如果我们仔细观察，还是会从这一闪而过的表情中发现对方的真实情绪。所以，不管他人的表情如何细微，只要用心观察，都能看出很多端倪。

如何分辨真假笑容

【心理学故事】

周祥是一名市场销售人员，经常要到外面去寻找客户，所以他总是会和不同的人打交道。久而久之，周祥很容易从他人的笑容中分辨出对方是否有意购买产品。

有一天，当他在一栋写字楼前推销公司的产品时，一位女士正好路过他的摊位。于是，周祥热情地迎上去，对那位女士说："不好意思，能打扰您两分钟吗？"对方的嘴角动了一下，露出一丝微笑，并且眼中闪着光，虽然没有说话，但脚步停了下来。周祥见此状，立刻开始向她推销产品。

可是，随着时间的流逝，那位女士的眼睛不再有光，只剩下嘴角机械的笑容，而且不时地看着手腕上的表。周祥见此状，便立刻结束了推销，对她说道："您可能比较赶时间吧，我就不打扰您了。这是我的名片以及产品宣传手册，你可以先做一下了解。有需要您可以随时联系我，到时候我再详细地为您介绍。"

说完，他将自己的名片以及产品手册递了过去，并送给对方一些小礼品。那位女士礼貌地接了过去，并说了声"抱歉，今天时间比较赶，谢谢你的礼品"，然后匆匆地离开了。后来，当周祥周末在那里做推销时，那位女士再次前来光顾，并让周祥为自己详细介绍一下，最终买下了一套产品。

而最近，周祥在某商业区推销时却遇到一些不礼貌的顾客。当他在推销时，有几个年轻人朝他走来。于是，周祥热情地上前介绍自己的商品。可对方虽然面带微笑，但眼珠却斜向一边，嘴角也稍微有点歪斜。周祥见此状，知道对方的笑容有很强的蔑视意味，很瞧不起自己，但他依然不失礼貌地对他们说："不好意思，打扰了。"然后转身向其他人继续推销。

【心理学家分析】

在人际交往中，笑容是一种不可或缺的表情。笑容有多种类型，有的人会开心地笑，有的人则会无奈地笑，还有的人会冷冷地笑，不同的笑容背后隐藏着不同的含义。有心理学家表示，很多人笑的时候其实内心并不是单纯的喜悦，比如，看到朋友或是同事出糗时，会笑得合不拢嘴，或是看到不喜欢的人遇到倒霉的事情时，则会暗暗地偷笑，这是一种不怀好意的笑，具有讽刺的意味和攻击性。那么，如何分辨真真假假的笑容呢？

首先，看笑的夸张程度。心理学家表示，如果是"哈哈"大笑，往往是发自内心的，因为这种豪放而又肆意的笑有损自己的形象，但当事人却发出如此爽朗的笑声，则表明对方是真情流露。另外，发出这种笑声表明此人的身体状况不错，而且有良好的心态。

不过，这种笑声往往具有一种压迫感。比如，当两个人在一起时，说起好笑的事情，能够"哈哈"大笑的人往往是地位比较优越的人，他会不顾及对方的看法，而心理上处于劣势的人则不会那么放肆。对方笑的动作比较小，脸有些发红，这表示此人的内心已经产生兴奋感，却在压制自己的情感。

当人感觉事情没那么好笑或是情绪不佳时，往往会发出"呵呵"的笑声，以此敷衍了事。很多人在心浮气躁或是感到疲惫时也会这样笑。此时，他们的笑容动作幅度比较小，几乎看不到肌肉的抽动。

经过研究证明，当人的内心产生喜悦感时，会自然地发出笑声，此时当事人的嘴角会上翘，眼睛眯起，面部的颧骨主肌和环绕眼睛的眼轮匝肌同时收缩。心理学家表示，这种笑容是真情流露的，不受大脑意识的支配。因此，当人处于心情愉悦的状态时，嘴角会反射性地翘起，眼睛会变小，眼角产生皱纹，眉毛也会稍微倾斜。

如果是假笑，只会嘴角上提，而眼轮匝肌则不会发生收缩，其动作较为夸张，面部肌肉会强烈地收缩，整个脸挤成一团，眼睛也会眯起来，但这些都是假象。心理学家分析，假笑是因为情感的缺乏。因为缺乏情感，所以人们在发笑时神情有些茫然，虽然嘴角上扬，但呈现出一副愉快的病态假象，意思好像是说"这并不是我的真实感受"。

另外，假笑保持的时间特别长，如同戴着一副面具似的。一般来说，真实的笑容持续的时间大概在三到四秒，时间的长短主要取决于感情的强烈程度。而假笑就像是在聚会后仍然不愿离去的客人，让人感到很别扭。

除此之外，人在假笑时面部两边的表情往往会呈现些许的不对称。如果是习惯用右手的人，假笑时左边的嘴角会挑得更高一些；而如果是习惯用左手的人，假笑时右边的嘴角则会挑得更高一些。

其实，识别谎言最为关键的一条线索就是假笑。心理学家表示，说谎的人很少会表现出自己的真情实感，更多的是在掩饰内心的真实想法。所以，当人假笑并提高说话声调时往往表明对方在说谎。

那么，除了真假笑容外，还有哪些笑容能够反映出人们的内心状态和情绪变化呢？在此，心理学家为我们总结了一下：

》苦笑

一般来说，苦笑的面部表情特征是嘴巴紧闭，面部肌肉会出现轻微的痉挛。心理学家分析，当人出现这种笑容时，表明对方的心情比较低落而勉强地发出笑容。虽然心情不好，却表现出一张难看的笑脸，就像是自嘲。

比如，王敏周末在家打扫房间时，5岁的儿子一直跑来跑去，问她要不要帮忙。于是，王敏让他将自己的玩具整理好。后来，王敏接到快递员的电话便下楼去取，叮嘱儿子在家乖乖整理玩具。可是，当她回来时却发现，儿子竟然将早上的碗筷洗了，正当她感到非常欣慰时，却发现水槽边还放着电脑键盘和电视遥控器。顿时，她不由地苦笑了一下，但依然表扬儿子："做得不错。"

» 傻笑

心理学家分析，这种笑容大多是在人们看喜剧或是看笑话时会露出的笑容。这种笑容往往难以控制，不需要任何刺激就会出现，而且不带任何情绪色彩。一般来说，这种表情往往给人一种呆萌之感，看上去很可爱。比如，雷鸣看着坐在沙发上看电视看得入迷的女儿，不时地发出傻笑声，样子非常可爱，禁不住走过去摸着女儿的头，爱怜地说："我的傻女儿。"

» 冷笑

心理学家分析，冷笑并非是发自内心的笑，往往是对他人的观点表示不赞同或是不屑时的表情。有时候，人们露出这种笑容时还会伴有其他肢体动作。

比如，章律师是律师界有名的律师，可最近他接到的一个案子相当棘手，没有确凿的证据帮助自己的当事人。辩方律师很清楚这个情况，所以当他们在法庭相见时，辩方律师的眼珠倾斜到一边，嘴角微微歪斜，冷笑道："章律师，你有信心打赢这场官司吗？"

» 龇着牙笑

心理学家分析，龇着牙笑是一种典型的假笑。当他人露出这样的笑容，并说出"不要为此担心"或是"这没有什么大不了的"等话时，这表明他们的内心想法与其所说的正好相反。

» 笑容柔和平淡

心理学家分析，当看到他人露出柔和平淡的笑容，并且表现出关切的眼神时，虽然他们没有对我们大加夸奖，但其内心是为我们感到高兴的。比如，当肖海在事业上取得成功时，亲朋好友都给予其热烈的赞扬，但他的父亲却在一边露出柔和而平淡的笑容。肖海见此状，心里产生暖意，他知道不善言谈的父亲也为自己感到高兴，父亲是相当关心自己的，所有的一切都包含在那柔和平淡的笑容中。

» 歪脸笑

歪脸笑是指一个人在笑时脸部扭曲，两边的脸不对称。常见的歪脸笑包括嘴角和眉毛扬起，而脸颊两边的颧骨肌收缩，脸颊的一边出现微笑的表情，另一边嘴角向下，眉头紧锁，表现出不悦。此时，两边脸呈现出一阴一阳的反差。

对此，心理学家分析，这是因为人们在控制自己意识的过程中，一边脸被成功地调动了起来，出现了假笑的表情，而另一边的脸则是内心情绪的真实反映。这种表情通常会在西方的电影中看到，它代表讽刺、排斥之意。

脸色变化暴露内心秘密

【心理学故事】

周末，马丽想让男友彭宇陪她逛街。于是，她打电话给男友说了这件事，可彭宇听后，在电话那端"抱怨"道："你怎么不提前说呢？昨天好哥们董浩已经和我约好今天要去钓鱼的，真是太不凑巧了。"马丽知道董浩是男友的多年好友，关系很铁，心想既然人家已经有约在先，自己就找闺密去逛街吧。于是，她对男友说："那你们好好玩吧，我再找其他人。"

可不承想，当马丽与闺密逛街时，却在路上碰到了董浩。于是，马丽与他打完招呼后，不解地问道："你昨天不是和彭宇约好了今天去钓鱼吗？怎么现在还在街上溜达呢？"董浩一脸惊讶，停顿了几秒钟，对马丽说："是啊，是啊，我昨天就和他约好了去钓鱼的，可临出门时，却发现还少了一些渔具，所以我到街上看看有没有卖那种渔具的。"

说完这话，董浩低着头，脸变得有些红。马丽见此状，猜想董浩可能在替自己男友圆谎，于是，她故意诈他说："彭宇家中不是有齐全的渔具吗？你直接用他的就行。"董浩立刻接话说："是啊，是啊，那我不买了，直接用他的就行。"说完后，他的脸变得更红了。

这时，马丽断定董浩在为男友圆谎，因为男友家中的渔具早就坏了，一直说去买都没买。董浩如果没有和自己的男友约好去钓鱼，根本就不知道这种情况。

为了不当场揭穿男友，也为了给董浩留面子，马丽便不再说什么，和董浩告别之后，她去了男友家。进门之后，马丽才发现，原来男友不愿陪自己逛街的原因是躲在家中玩游戏，这让她很生气。

彭宇见到马丽，脸色有些发白，紧张地说："你怎么突然来我这了，怎么不事先打个电话呢？"马丽听了，气得满脸通红，质问道："你怎么撒谎骗我呢？你不是说去和董浩钓鱼了吗？原来是躲在家中偷偷玩游戏。"男友自知理亏，只好连忙向马丽道歉道："别生气了，都是我不好，不应该撒谎，下次一定陪你去逛街。"

【心理学家分析】

中医认为："有诸于内，必形于外。"当人的内在出现病变时，必然会在体表反映出来，而面色就是体表的反映之一。同时，脸色也能够反映出人们的内心活动和情绪变化。心理学家表示，与人交往，要想知道对方在想什么，就要学会观察对方的脸色变化，因为一个人的脸色是难以隐藏的，而且这种变化维持的时间也比较长。所以，通过仔细观察他人的脸色，就能看穿对方的内心。

人的脸部是内心活动和个性特征的显示器。在面部上，我们很容易识别出胆怯、不满、憎恨等情绪。比如，脸红是代表情绪变化的最为常见的一种表情。心理学家表示，一般情况下，脸红往往表示当事人产生了害羞、激动、兴奋、愤怒等情绪。所以，我们可以通过观察对方的脸色变化来推断其内心活动。

心理学家经过研究发现，脸红是受大脑神经控制的，而人的视觉、听觉、嗅觉神经中枢都集中在大脑个别区域。通常来说，当人们看到或是听到让自己感到害羞、激动、愤怒的事情时，眼睛和耳朵就会将这些外界信息传递给大脑皮层，大脑在受到刺激后会立即做出相应的反应，分泌出肾上腺素，而肾上腺素则会导致身体的血液更多地集中在面部，因此，人的脸就会变得通红。

不过，在不同的环境中，不同的情绪所产生的脸红现象也有细微的差别。对此，心理学家建议，想要准确地分析他人脸色的真实原因，还要根据具体的环境而定。比如，当我们第一次与人见面或是刚刚进入一个陌生的环境时，由于所处的环境不熟悉或是参加比较重要的活动，我们可能会不由自主地产生焦虑或是激动的情绪。这种情绪往往会导致人体的交感神经系统兴奋，从而导致人的心跳加快，血液集中在面部，毛细血管扩张，结果出现脸红的表情。

另外，当我们遇到尴尬的事情时也会不自觉地脸红，这是一种条件反射，是因为紧张而导致的。除了脸红之外，还会伴随着其他表情变化，例如脸上出汗等情况。

　　比如，小美在逛商场时，突然感觉肚子有些痛，于是她急忙去找洗手间。可是，由于她过于心急，也没有抬头仔细看，直接跑进旁边的一个卫生间中。不承想，迎面却走来两个男生，这让小美顿时很尴尬，脸红不已，而且脸上还冒出密密的细汗。

　　如果人们因为害羞而脸红，往往会双颊微红；当处于愤怒的情绪中，则是满脸通红，同时还会出现咬牙切齿的动作。

　　在现实生活中，我们仔细观察会发现，很多人说谎时也会脸红。心理学家表示，人们在说谎时之所以会脸红，是因为道德底线在发挥作用。当人说谎时，心理上往往要承受一定的压力，心中的道德底线也会发出"警告"，提醒自己不能做出欺骗他人的行为。因此，当人因为说谎而为自己的言行感到羞愧时，就会不由自主地脸红。而脸红则会导致说谎者因为心理紧张而难以继续说谎或是通过继续说谎来掩饰内心的紧张。可由于他们的情绪处于紧张波动当中，所以，可能会被对方识破。比如，上文中的董浩在说谎时脸色变得通红，当马丽故意诈他时，他的脸色变得更红了。

　　那么，除了脸色变红之外，还有哪些脸色变化能够暴露一个人的内心秘密呢？在此，我们就来看看心理学家是如何为我们归纳的：

　　» 脸色灰白

　　心理学家分析，与人交谈时，当发现对方的脸色变得灰白时，则表明对方的情绪处于比较低落或是郁闷的状态中。比如，当珊珊问同桌这次期末考试考得怎么样时，只见他脸色灰白，眼睛无光。

珊珊见此状，猜测对方可能没有考好，所以心情比较低落，便立刻
转移了话题。

» 脸色发青

心理学家分析，当发现一个人脸色发青时，表明他可能因对别
人感到不满而即将发怒。比如，当袁伟正在排队买东西时，突然，
两个女生说说笑笑地走了过来，并直接插到了袁伟的前面，这让袁
伟很无语，脸色发青，但没有说什么。

» 脸色在红色、青色之间不停变换

心理学家分析，当一个人的脸色在红色、青色之间不停地变
换，甚至还有些苍白时，则表明对方的情绪正处于极度的气愤中。
比如，姜东非常爱玩游戏，常常因为玩游戏而不做作业，而且每次
考试排名都是倒数。对此，他的妈妈很生气。有一次，姜东因为玩
游戏竟然两天都没回家，他的妈妈在网吧找到他时非常气愤，只见
妈妈的脸色在红色、青色之间不停变换，而且还有些苍白。这让姜
东看了，不免有些害怕，因为他从来没有见过妈妈如此气愤。

因此，在人际交往中，想要了解他人的内心活动和情绪变化，
不妨仔细观察对方的脸色变化，从而洞悉对方的心理状态。

Part2

眼睛暴露你的内心

当一个人受到强烈的视觉刺激后，情绪会变得高涨起来，即使他表面上装得比较镇定，可瞳孔却能够在瞬间反映出其内心的变化，不差分毫地泄露出对方的真情实感。

频繁眨眼的背后

【心理学故事】

夏鹏的爷爷是一位老兵，虽然他年事已高，但对以前的事情却记得很清楚，尤其是他参加战争时的往事。可是，让夏鹏感到好奇的是，爷爷从来不会主动讲述那段往事，只有他人问起时，爷爷才会说，但似乎总是刻意回避一些内容，而且有些激动和紧张，会频繁地眨眼睛。

有一次，家里有客人来访，提及爷爷之前的事情，爷爷简单地说了几句。当客人再次问一些详细的情况时，坐在爷爷身边的爸爸找了一个话题岔了过去，这让夏鹏更加感到好奇。当爷爷不在家时，夏鹏不解地问爸爸："为什么每次有人提到爷爷的往事，爷爷似乎总是避谈一些事情呢？明明他对那些事情记得很清楚啊！"

爸爸叹了一口气说："这是因为在那个时候你爷爷经历了一件相当痛心的事情。当时，你爷爷参加战争，你的大爷爷和三爷爷也和他一起。可在一场战斗中，你的大爷爷和三爷爷，也就是你爷爷的哥哥和弟弟不幸战死沙场，这让你爷爷相当伤心和难过。之后，他虽然对这段往事记得异常清楚，却不愿再提及。"

从那之后，夏鹏发现，即使爷爷有时候内心极度悲伤，也从来不将此事挂在嘴上。只要有他人问起时，他说起这段往事就会相当激动，并且会频繁地眨眼睛，每次眨眼睛都是在3秒以上才会睁开。此时，夏鹏深知，爷爷是对死去的兄弟有着深深的思念之情，同时，内心也充满了悲伤。如果夏鹏看到这种情况，就会找个话题岔过去，以免让爷爷陷入悲伤的情绪中。

【心理学家分析】

心理学家表示，一个人频繁眨眼睛并且时间间隔有所延长，则表明对方的内心有很大的遗憾或是没有完成的事情，但是这件事情往往是个人不愿提及的，也是无法实现的，或是对逝去的亲朋好友的一种缅怀之情。

有研究发现，一个人在一生当中平均要眨眼4.15亿次，而人平均每天眨眼大概有17000次。当一个人在放松的状态中，每分钟会眨眼6～8次，每次眨眼时，眼睛闭上的时间仅有1/10秒。可是，当两个人在一起沟通交流时，人们平均每分钟眨眼是15～20次，每次眨眼的时间是0.3～0.4秒。

一般来说，正常人的眨眼是一种非条件反射，是先天性的、不需要后天学习而形成的一种生理本能行为。从生理角度来看，眨眼是在均匀眼内的液体，以滋润眼球。

　　在日常生活中，如果人们对某件事情感兴趣，会目不转睛地盯着看，而且会"扑闪扑闪"地眨着眼睛，想要看清楚、弄明白；如果人们对某些事物不感兴趣，眼睛则会闭多睁少，即想将眼睛闭上。因此，心理学家表示，眨眼睛往往能够暴露出一个人的内心活动。

　　有心理学家曾做过这样一个实验：从参加某学科考试的学生中选择 10 个考试作弊的学生和 10 个没有作弊的学生，然后将他们全部隔离，进行三分钟的询问。

　　实验结果发现，在刚开始接受询问时，没有作弊的学生眨眼的频率有明显增加的现象，但随着询问趋于结束，他们的眨眼频率便会有所降低；而作弊的学生在一开始接受询问时，眨眼的次数会在明显的控制下减少，眨眼的频率也比较低，可随着询问的深入，他们的眨眼频率会大幅提升。

　　对此，心理学家表示，之所以会产生这种现象，是因为没有作弊的学生在接受询问时会感到很突然，而且有些意外，从而导致他们变得紧张，在一开始时眨眼的频率增加比较明显。而随着询问接近尾声，他们的心态就会渐渐恢复正常，眨眼的频率也会降低。作弊的学生往往会为了逃避责罚而有意撒谎，所以在接受询问时会刻意地保持冷静，有意地控制眨眼的频率。可随着询问的深入，眨眼的行为很难长时间地受到意识的控制，所以，眨眼的频率就会大幅提升。

　　的确，当一个人说谎时，眨眼的频率刚开始会比较低，这是因为对方想要保持冷静，以让自己看上去"不留痕迹"。可是，人一旦说谎，就会控制不住内心的焦虑情绪，会不由自主地快速眨眼睛。所以，眨眼的频率就会先慢后快，这是典型的说谎标志。

比如，在 1992 年，"金融天才"乔治·索罗斯在狙击英镑时，他发现英国首相梅杰在发表电视讲话时不断地眨眼睛，而且是先慢后快，所以，索罗斯断定梅杰在说谎，他是不会捍卫英镑币值稳定的。果然，索罗斯的判断是正确的，当时他一下子赚了 10 亿美元。

除此之外，还有哪些眨眼线索能够暴露出人们的真实内心呢？对此，有心理学家为我们总结出以下几种情况：

» 眨眼频率不断上升

心理学家分析，当与他人沟通时，对方眨眼的频率不断上升且眼神闪烁不定，表示对方对所谈的话题有比较浓厚的兴趣。比如，在某次会议上，小李提出了一个创意，他发现部门的领导和同事都在专心地听着，并且他们的眨眼频率不断增加。因此，小李知道他们对自己的创意很感兴趣，于是会更加有信心地讲下去。果不其然，大家一致通过了小李的创意方案。

» 眨眼的间隔时间过长

心理学家分析，当与他人进行沟通、交流时，如果对方感到厌烦且毫无兴致，眨眼的间隔时间就会延长，即每次眨眼时眼睛都会闭上 2～3 秒，甚至是更长的时间，这表明对方不愿再继续交谈下去，希望讲话者停下来。如果与人谈话时，一个人的眼睛一直紧闭着，表明对方完全不想看见讲话者，此时，谈话应该就此打住。

比如，楠楠经朋友介绍认识了一个男孩，可与男孩交往几次后她发现，自己与对方的价值观完全不同。所以在他讲话时，楠楠都感到很厌烦，会不由自主地眨眼，甚至会闭上眼睛，不愿再听下去。因此，没过多久，楠楠便不愿再与对方来往。

» 微笑着眨眼睛

心理学家分析，眨眼时面带微笑，表明对方很有自信。一般来说，这种人善于向他人展示自己的魅力，特别是男性，会在潜意识中认为自己非常有魅力，所以才会肆无忌惮地在他人面前表现自己。即使他们在别人的眼中并没有多少吸引力，但他们依然非常自信。当他们与认识的人相遇，并微笑着眨眼，与对方打招呼时，如果获得对方的积极回应，他们就会感到更加自信。

» 眨眼的次数过于频繁

心理学家分析，如果一个人眨眼睛的次数过于频繁，表明对方的内心非常紧张，自然做事情也会事倍功半。有心理学家曾对此做过专门的研究：当两个人在台上演讲时，一个人的演讲非常流畅，而且表现得落落大方，眨眼的次数是每分钟 50 次；而另一个人在演讲时结结巴巴，汗流不止，眨眼的次数是每分钟 105 次。在演讲结束后，心理学家询问两人得知：前者经常参加演讲，所以内心并没有感到太紧张，而后者则是第一次演讲，其紧张程度自然非常严重。

眼球转动暴露内心秘密

【心理学故事】

　　姜慧是一名商业谈判人员，经常会与他人谈判收购的交易。让很多同事感到好奇的是，只要姜慧所谈的业务，总是能够顺利地拿下，所以，他们都称姜慧是"谈判达人"。最近，姜慧又要去一家医院进行收购谈判。于是，新来的同事小贺想借此机会学习姜慧的谈判"秘诀"。

　　她向姜慧请求道："姜姐，这次谈判您能带我去吗？让我看看您的谈判'秘诀'是什么？"姜慧笑着说："可以啊，不过我其实并没有什么秘诀可言，关键是善于观察对方细微的表情和反应。"小贺听后还是不明白姜慧所说的意思，不过，一想到能亲眼看见"谈判达人"的谈判过程，小贺还是很开心的，心里想着到时候一定要好好学一下。

　　这次姜慧的谈判对象是一家经营惨淡的私人小医院，在谈判的过程中，姜慧发现老板虚构了很多信息，而且一开口就要价非常高，这与她事先的调查有很大的出入。于是，姜慧开始向老板发问："当你接手这家医院时，每年的毛收入大概有多少呢？"

此时，姜慧发现老板的眼球先是转动到左边，然后又转向右边，紧接着，他回答道："大概是130多万。"姜慧见此状，直接说道："您报的数字可能太高了吧，实际的收入是多少呢？"老板听后尴尬地笑了笑，眼球迅速转到了左边，在短暂地停留后，又回到原来的位置，然后回答道："大概是80万左右。"姜慧看了看自己的调查资料，这与自己所调查的情况基本相符。后来，在一番谈判后，姜慧以理想的价格成功收购了这家小医院。

可坐在一旁的小贺却非常不解，在回去的路上，她向姜慧请教道："姜姐，您是如何识别老板的虚构信息和报价过高呢？"姜慧回答道："当我向他发问时，你有没有注意到老板的眼球先是转动到左侧，然后又转动到右侧。转动到左侧，这表明他是在回忆真实的情况和数字，而后他的眼球又转动到了右侧，这表明他可能回忆起真实的情况和数字，但由于收入太低，说出来会影响收购价格，所以他准备撒谎，隐瞒真实的情况，并虚报了收入。"

姜慧顿了一下，接着说："当后来我问他实际收入时，他的眼球迅速地转到了左侧，并做短暂的停留，然后回到了原来的位置，并很快做出了回答。而他的回答与我调查的基本相符，所以表明他说的是实话。"

听了姜慧的详细解释，小贺这时才明白她所说的"谈判时关键是善于观察对方的细微表情和反应"的含义。

【心理学家分析】

心理学家经过长期的研究发现，眼球转动往往会暴露出人们的内心秘密，在与人交往时，通过他人的眼球转动情况能够捕捉到对方很多内心世界的消息。美国著名的心理学家大卫·李教授研究发现，对于大多数人而言，当大脑进入搜索的状态时，即人们在回忆真实发生过的事情时，眼球会向左转动；如果对方在编造一件未曾发生的事情或是不存在的事情，眼球的转动方向则是相反的，会向右转动。这表明此人的回答极有可能是在说谎。

有研究人员曾做过这样的实验：首先，他们邀请20名参与者在放松的状态下分别将眼球转动到左侧和右侧，然后让他们随机说出出现在大脑中的任何事情和想法。

实验结果发现：眼球转动到左侧时，有19名参与者所说的内容都是与过去相关的，仅有1人所说的内容指向有些不明显；而眼球转到右侧时，有17名参与者所说的内容都是与未来有关的，3个人所说的内容指向不是很明显。

当我们的眼球转动到不同的方位时，由于看到的事物不同，对大脑的刺激也不同，内心会随之产生不同的变化和差异。这如同生活中常见的摄像头，摄像头在转动时会拍摄到不同的区域，所获取的信息也有所不同。因此，有心理学家表示，眼球是人们内心活动的显示器。换句话说，当人产生不同的内心活动或是进行不同性质的思考时，眼球转动就会发生相应的变化，而且是不受人的意识控制的。

那么，眼球转动能够暴露出人们内心的哪些秘密呢？对此，有心理学家为我们总结了以下几种情况：

» 眼球处于起始状态，一动不动停在正中间

心理学家分析，当我们与人沟通时发现一个人的眼球处于这种状态，表明此人的思维指向当前的事物，对当前活动有控制、支配以及自信的态度。通过观察我们会发现，当他人自信满满地说话时，其眼球经常处于起始的状态。比如，负责市场调研的白斌在深入调查之后，果断地做出了决定，当他说出这个决定时，眼球处于起始状态，一动不动停在眼眶正中间。

» 眼球向右侧转动

心理学家分析，当沟通过程中发现对方的眼球向右侧转动时，则表明此人在推理、分析、思考，对尚未发生的事情进行想象和憧憬。经过观察我们会发现，当要求他人展望未来时，对方的眼球会不由自主地向右侧转动，这表明对方的内心正在思考尚未发生的事情。比如，在教室中，老师让肖强描述一下自己十年后的样子，只见肖强眼球向右侧转动，在想象一番后，开始讲述十年后的幻想情景。

» 眼球向上转动

心理学家分析，当我们与人沟通时发现对方的眼球向上转动，则表明对方所说的话有些违心。一般来说，当两个人沟通时，目光往往是平视对方的，这会让彼此都能获得尊重，也会体验到谈话的真诚。可是，如果我们与对方谈话时，发现对方眼球向上转动，表

明此人可能不想看到我们或是不能坦诚地面对我们，所以，他所说的话也就有些违心或是在撒谎。

比如，在地铁上，一名男乘客因为睡觉占用多个座椅，旁边的一位年轻人便客气地让其起来，给其他人让座。可对方不仅不听劝，还对那名年轻人破口大骂。其他乘客见此状，都力挺那位年轻人，纷纷指责男乘客的不是，并让其道歉。那名男乘客见对方人多势众，也自知理亏，只好向那位年轻人道歉。可在道歉时，他的眼球却向上转动。这让有的人看后很无语，嘀咕道："这人太不真诚了，道歉也不发自内心。"

» 眼球向下转动

心理学家分析，与人沟通时眼球向下转动，则表明当事人感到不好意思或是有些羞愧。一般来说，当人感到尴尬或是内疚时，眼球就会不由自主地向下转动，视线也会离开交谈对象，而关注自己身体的某个部位。这表示此人是在重新审视自己或是自我安慰。

比如，当孩子犯错误时，父母对其进行批评后，虽然他们嘴上有些不服气，但眼球会不由自主地向下转动，并且低着头。这表明他们已经认识到自己的错误，并且在自我反思，但嘴上却不愿承认自己的错误，可能承认错误会让他们感到没有面子。所以，当父母看到孩子这个细微的反应时，应停止批评，进行积极的引导和教育。

可见，眼球的转动方向能够直观地反映出人们最隐秘、最丰富的心理信息，并且暴露出一个人的真实想法与情绪。所以，在人际交往中，如果我们能够充分利用这一点，就能洞悉他人内心的秘密。

瞳孔变化会"出卖"内心

【心理学故事】

贾薇与丈夫已经结婚 10 年了，在外人眼中，他们是一对恩爱的夫妻。的确，丈夫事业有成，是某公司的高管，而她自己则是一名心理医生，他们的孩子学习成绩也相当棒，每次考试都是名列前茅。因此，很多人都羡慕贾薇，说她是一个幸福的女人。可对于贾薇来说，她却感到丈夫对自己越来越冷漠，感情也越来越淡薄。因此，贾薇怀疑他们之间可能出现了第三者。

有一次，丈夫的公司举行宴会，公司要求每个员工都要携带家属出席。为了能够在他人面前展现自己的风采，贾薇在家中选了半天的晚礼服。当她让丈夫给个建议，问丈夫哪件衣服更好看时，丈夫面无表情地说："哪件都可以，我们又不是宴会的主角。"当贾薇再次询问丈夫的意见时，她发现对方的瞳孔在缩小。身为心理医生的贾薇顿时明白，丈夫此刻的内心是非常不满的，而且根本不把自己穿哪件衣服放在心上。这顿时浇灭了贾薇参加宴会的热情，她心情失落地随意挑选了一件，就与丈夫一起出门了。

在宴会上，贾薇黯然神伤地坐在一边，可丈夫根本不理会她。此时，一个年轻漂亮的女人坐在了贾薇邻桌的位置上，她看到贾薇的丈夫后，立刻起身热情地打了招呼。贾薇发现丈夫在与那个女人聊天的过程中，瞳孔比平时放大了两倍，而且视线一直停留在对方的身上。基于此，贾薇明白丈夫非常喜欢那个女人，与对方聊天让他处于一种兴奋的状态，这让贾薇更加坚定了自己之前的猜测，那名年轻的女性可能就是他们之间的第三者。

正当贾薇陷入沉思中，旁边几个人在窃窃私语道："你瞧，今天周总监的助理真是抢尽了众人的风头，打扮得那么漂亮，而且一直与周总监在那里热络地聊着，不知道今天周总监的妻子有没有来呢？"那人一边说着，一边看向那个年轻漂亮的女人。另一个人听后，也附和道："是啊，这助理真是太过分了，平时就不注意自己的行为，与周总监走得也太近了，让人不得不怀疑他们之间的关系。"第三人听后也小声嘀咕道："之前有好几次都看到周总监开车送她呢！关键是两个人根本不顺路啊。"

贾薇听了，知道她们是在议论自己的丈夫，因为丈夫前不久才坐上总监的位置，而且也听他提起过公司配给他一个助理。此时的贾薇心情跌到谷底，再也无心参加宴会，她没有跟丈夫说一声，就黯然离开了。

【心理学家分析】

有心理学家表示，当一个人处于兴奋、愉悦、喜爱的情绪中时，瞳孔就会扩大；反之，当一个人的情绪处于厌恶等消极的状态中时，瞳孔会收缩得很小；如果瞳孔没有任何变化，则表示此人对他所看到的事物漠不关心或是感到很无聊。因此，瞳孔的变化能够"出卖"人们的内心活动，通过观察瞳孔的变化，我们可以准确地捕捉到对方内心世界的变化。

特别是在两性关系上，要想知道一个男性是否对一个女性有好感，观察其瞳孔便能清楚地了解对方的真实内心活动。当两人在交谈时，如果男性的瞳孔放大，则表明他对女性非常有好感，非常享受当前的谈话氛围。

眼睛中的虹膜成圆盘的形状，中间位置则有一个小圆孔，这个小圆孔就是瞳孔，也被称为瞳仁。它就像是照相机中的光圈一样，能够随着光线的强弱变大或是缩小。的确如此，在日常生活中，如果看到一些刺激性强的事物，不管是处于兴奋或是恐惧的状态中，我们的瞳孔都会变大；反之，如果看到一些令人心烦的事物，瞳孔就会缩小。

因此，有心理学家表示，瞳孔是无法说谎的，因为它受神经系统的直接支配，人们是无法控制自己瞳孔的变化的。当一个人受到强烈的视觉刺激后，情绪会变得高涨起来，即使他表面上装得比较镇定，可瞳孔却能够在瞬间反映出其内心的变化，能够不差分毫地泄露出对方的真情实感。

比如，在阿拉伯国家，我们会发现这些国家的很多名流政要在出席某些重要的场合时都会戴上墨镜或是深色的眼镜，以防止他人从瞳孔的变化中获得其内心活动的信息。

瞳孔不仅会随着周围环境的明暗发生变化，还会受到对目标关心和感兴趣程度的影响。有心理学家曾做过这样一个实验：他们随机邀请了一些男性和女性作为实验对象，让他们看几幅图片，分别是一个裸体的女人、一张妈妈怀抱婴儿的合影、一幅风景图。实验结果发现：参加实验的男性在看到裸体女人的图片时瞳孔会明显地扩大；参加实验的女性，特别是有孩子的女性看到妈妈怀抱婴儿的图片时瞳孔也会变大；而不管是男性还是女性，在看到风景图时瞳孔都没有什么变化。

在商业领域，很多商家会通过瞳孔的变化来对人的情绪施加影响，从而有利于商品促销。商家为了招揽更多的顾客，会将广告海报中的模特的瞳孔修改得很大，以此增加模特的吸引力，提高商品的销量。

通过眼神来识人

【心理学故事】

在一场招聘会上，某公司的招聘摊位前来了很多应聘人员。经过几轮的面试之后，仅有两个面试者留到了最后。他们都是名牌大学毕业的，有着过硬的知识储备，而且在面试的过程中表现得很不错。在最后一轮面试中，面试官开始考察他们的实践能力。

在第一个应聘者落座后，面试官单刀直入地问道："请你讲一下你有哪些实践经历呢？"听完面试官的问题，那名面试者眼神坚定地看向前方，娓娓道来："曾在学校中担任学生会的主席，而且多次组织学生们参加一些有意义的活动，比如知识竞赛、辩论赛等；还曾在一些公司实习过，做得比较出色，并且受到主管领导的青睐。"面试官听着应聘者的叙述，频频点头。

接着，面试官开始对第二位应聘者进行面试，所提的问题是同一个，也是让对方讲述自己有哪些实践经历。面试者听完问题后，便开始滔滔不绝地讲述："我在上大学时参加过很多实践活动，比如组织学生文艺汇演、编辑学校的校刊和杂志等；还曾在一些报社实习过，有过外派记者的经历。"

可面试官注意到，虽然他讲述自己的实践经历时似乎信"口"拈来，但他的眼神却飘忽不定，眼睛转动的速度比说话的速度还快，而且说话也没有底气，让人听起来没有一点可信度。因此，面试官判定，他可能是在讲述一些与自己无关的事情，可能是看到其他人的实践经历而将其背了下来。

于是，面试官决定录取第一个应聘者。其他面试官不解，同样都是名牌大学毕业且有过硬的知识储备的人，为何只录取一个呢？这位面试官解释道："第一个面试者在讲话时眼神非常坚定，叙述自己的实践经历时也充满了说服力和感染力。另外，从他坚定而沉着的眼神中也能看出他是一个诚实可靠的人。而第二个面试者在讲述的过程中，其眼神飘忽无根，说话底气不足，没有任何的可信度。从他的眼神可以看出对方不管是在生活上还是事业上都很难达到既定的目标。"

果不其然，第一个面试者被这家公司录取后，他在工作上表现得很棒：做事认真，从来不会弄虚作假。在公司做了三个月后，就因为出色的表现而被领导提升为部门小组长。

【心理学家分析】

一位著名的人力资源专家曾说："一个诚实的人的眼睛是自信的，说谎的人的眼角会不自觉地往上翘或者眼睛转动速度比说话的节奏快。"因此，很多企业主管在面试时都会通过眼神来判断面试者是否在说谎。

有心理学家表示，通过眼神往往能够准确地捕捉到对方的内心活动，而观察一个人的眼神，甚至可以识别一个人品质的好坏。正如孟子所言："存乎人者，莫良于眸子。眸子不能掩其恶。胸中正，则眸子瞭焉；胸中不正，则眸子眊焉。"这段话的意思是说，想要判断一个人的心术是正是邪，通过眼神就能看得很清楚。

在社交场合中，与人沟通交流时，如果我们想要洞察他人的内心，不妨仔细观察一下对方的眼神，通过眼神便能发现他人的心理活动和情绪变化。对此，有心理学家为我们总结了以下几种眼神及其心理意义：

» 眼神好像在冒火

心理学家分析，与人交流时发现对方的眼神好像在冒火，则表明对方此时已经是怒火中烧。如果我们不打算与其决裂，就应该及时地妥协，否则，再紧逼一步，就会发生正面的冲突。

» 眼神恬静并且面带笑容

心理学家分析，当与人交谈时发现对方眼神恬静并且面带笑容，表明此人对所说的事情很满意。此时，我们不妨多说几句恭维的话。如果我们有求于对方，这便是一个不错的机会，相信对方肯定比平时更容易满足我们的要求。

比如，晓静在假期想让哥哥带她出去旅行，当她向哥哥介绍旅游的景点时，她发现哥哥眼神恬静并且面带笑容。因此，晓静知道哥哥对旅行也很向往，于是，她趁机恭维了哥哥几句。果然，哥哥很爽快地答应了她的请求。

» 眼神呆滞且嘴唇有些泛白

心理学家表示，与人沟通时发现对方眼神呆滞且嘴唇有些泛白，则表明对方对于当前的问题比较惶恐不安，尽管嘴巴上说"没有关系"，可能确实在想办法，但一点头绪也没有。所以此时我们不要再多问了，应该自己考虑应对的方法。

» 眼神发散

心理学家分析，与他人交流时发现对眼神四处发散，则表明对方对我们所说的话感到厌烦，再说下去也不会有任何好的结果。此时，我们应该打住或是乘机结束这场谈话，抑或是找一些其他话题，讲一些对方愿意听的事情。

比如，何杰经朋友介绍认识一位女生，在聊天的过程中，何杰一直讲一些财经方面的话题。此时，他发现那个女生的眼神发散，东张西望，不时地看向别处。因此，何杰知道对方很讨厌这个话题，于是，他立刻结束了这个话题，并对女生说可以带她四处逛逛。女生听了，欣然地答应了。

» 眼神比较沉静

心理学家分析，与人交谈时发现对方的眼神比较沉静，则表明对方对我们所着急解决的问题已经胸有成竹。如果向他请教解决的方法，对方不愿明说，可能是因为事情需要保密。所以此时不要多问，而是静静地等候其发落。

» 视线下垂，并且头部下倾

心理学家分析，与人沟通时发现对方的视线下垂，并且头部下倾，表明对方的内心可能在担忧某件事情，心里非常痛苦。此时，我们不要向对方讲述一些快乐的事情，那样只会加重对方的痛苦；也不要提及悲伤的事情，只会让对方越发难受。正确的做法是说一些安慰的话，并尽快结束谈话。

比如，周末莎莎本打算与好友一起外出旅行，可与其见面后却发现她视线下垂，并且头部下倾。莎莎见此状，知道对方内心可能担忧某件事。后来，她得知好友的爷爷因病住院，所以好友才相当忧心。因此，莎莎便不再说旅行的事情，而是安慰了朋友几句便离开了。

» 眼神飘忽不定，不同于平常

心理学家分析，与人沟通时发现对方的眼神飘忽不定，异于平常，这表明对方可能心怀鬼胎，已经给你准备好了某些苦头。此时，我们要小心了，应该远离对方，可能周围就有他设计好的陷阱，更不要相信他的甜言蜜语，这可能都是糖衣裹着的炮弹，小心为上。

通过视线"窥视"他人心理

【心理学故事】

林萍是学校的校花，也是很多男生心目中的女神，虽然有很多人在追求她，但高傲的林萍似乎谁也没有看上，一直没有答应那些追求者。所以，她的身边依然不乏爱慕者和追求者。

最近，计算机学院的刘锋对林萍展开了爱情攻势，经常给她送花送礼物。追求一段时间后，刘锋以为自己胜券在握，所以特意在林萍生日当天邀请她到一家环境不错的咖啡馆中告白，并精心准备了一份生日礼物。同时，他还叫上自己的好哥儿们，为自己造势。

可是，当林萍到来时，刘锋从她的脸上却看不出任何的开心表情，而且她斜着看了刘锋一眼，说道："找我有什么事情？"刘锋并不以为意，他将礼物推到林萍面前，对她说："今天是你生日，这是我送你的生日礼物，生日快乐！"林萍淡淡地回应了一句"谢谢"。此时，刘锋的好哥儿们想要提醒他一下，让他不要再继续说下去，所以便用脚故意碰了他一下，但刘锋并没有领会到。

接着，刘锋充满诚意地向林萍告白道："我喜欢你已经很久了，不知你能否接受我呢？"可刘锋在说话的过程中，林萍的视线却不在他身上，而是看向了别处，但刘锋却没有注意到这一点，还在迫切地等着对方的答复。此时，刘锋的好哥儿们全都看在了眼里，可不管他怎么示意刘锋，刘锋都毫无察觉。

结果，林萍将那件礼物推到刘锋面前说："对不起，我并不喜欢你，不能接受你的好意。"说完，她站起来离开了。刘锋见此状，颓丧地瘫坐在椅子上。

待林萍走后，刘锋的好哥儿们才拉着他说："我刚才一直在阻止你，你怎么不听我的劝呢？"此时的刘锋后知后觉道："看到林萍后，我一直处于比较紧张的状态，哪里注意到你！在我表白的时候，你怎么都不帮帮我呢？"

好哥儿们解释道："其实，当林萍看你第一眼时，我就知道你的告白不会成功了，所以才用脚故意踢你，意思是劝你不要当场表白。因为当她刚来看到你时，是斜眼看了你一下，这表明她内心有拒绝、藐视之意。可你却没有注意到，还是自顾自地表白。在你说话时，她的视线也一直不在你的身上，这表明她心里正在盘算其他事情，或是根本就不想接受你，正在想着如何拒绝你。所以，你自然是不会成功的。"

【心理学家分析】

有心理学家表示，通过观察他人的视线，能够"窥视"出他人的内心活动，可以捕捉到一个人的心态信息。在与人交往时，我们仔细观察会发现，对方内心的情感和欲望都会表露在视线上。与人交谈时，如果对方的视线根本不在我们身上，则表明对方根本不想理会我们或是对我们所说的话题不感兴趣，抑或是在想着其他的事情；如果与人沟通时，对方斜着眼睛看我们，则表示有拒绝、藐视之意。

那么，在遇到这些情况时我们应该如何应对呢？有心理学家为我们做出以下分析和应对建议：

» 视线不在讲话者身上

心理学家分析，与人沟通交流时，如果对方的视线不在我们身上，这表明对方不想理会我们或是对所谈的话题没有任何兴趣可言，抑或是在盘算其他事情。此时，我们应该适可而止，以免让对方更加讨厌我们。

另外，这种反应也有可能表明对方虽然在听我们说话，甚至会听得很认真，但故意装出一副不屑一顾的样子，以表示他不在乎，其实内心却相当在意。所以，我们要根据具体的情况进行具体分析。

» 视线在讲话者身上来回移动

心理学家分析，如果第一次与他人见面，与对方交谈时，对方的视线在我们身上来回移动，表明对方可能是在打量我们，这是一种本能的反应。此时，我们可以从容地面对，以留给对方一个好印象。

如果我们的视线与对方的视线相遇时，对方立刻移开视线，则表明对方的性格比较内向、自卑或是对某些事情有所隐瞒，在有意回避。比如，性格内向的小倩每次与陌生人说话时，当视线与他人的视线发生碰撞时，她就会立刻移开自己的视线，这样才能让她比较自如地说话；再如，明明因为想看电视而向妈妈撒谎说作业已经做完，当妈妈的视线与他的视线发生接触时，他立刻移开视线，看向别处。

» 斜视他人

心理学家分析，与人交谈时斜视他人，表示拒绝、蔑视的心理。不过，如果是斜视他人且面带微笑，则表示对对方感兴趣。这往往会发生在初次见面的男女之间，经常出现在女性身上。比如，当一个女生对一个男生感兴趣时，在看对方时就会斜视着对方，并且面带微笑。此时，男生不妨鼓起勇气与其攀谈，肯定可以赢得与女生交往的机会。

» 视线飘忽不定

心理学家分析，与人沟通交流时，发现对方的视线飘忽不定时，表明对方对我们所谈论的话题不感兴趣。此时，我们应该尽快结束话题。反之，如果对方露出浅浅的微笑，其视线不时地与我们接触，则表示对方对我们的话题比较感兴趣，期待我们继续讲下去。

» 视线角度反映不同心态

心理学家分析，与人交谈时，当他人仰视我们时，表明对方心存敬意，非常认真地倾听；如果他人俯视我们，则表明对方有意地保持自己的尊严。不过，上级与下级的关系除外。

另外，如果与人沟通时，对方一直在忙着手中的事情，并没有把视线从手头的事情上移开，则表明对方对我们所谈论的话题不以为意，所以会表现出一种心不在焉、反应冷淡的样子。

因此，通过观察他人的视线能够清楚地"窥视"他人的心理状态，与人交往时，只要我们仔细观察就会发现对方视线里的"小秘密"。掌握这一点，在为人处世时我们会少走很多弯路。

闭眼的心理状态

【心理学故事】

张晓雅是一名超市的销售人员，主要负责销售榨汁机，她做这份工作已经三年了，其销售业绩一直不错。只要是来她售卖区域买榨汁机的顾客，即使最后不买，也与她关系处得不错。所以，大家都喜欢亲切地喊她"晓雅"。

有一天，一位阿姨来超市买榨汁机，她在那里看了半天，也没有决定要买哪一种。晓雅见此状，走过去亲切地说："阿姨，您需要哪种榨汁机呢？我来给你详细地介绍一下。"对方回答道："我只是想先来了解一下，还没有决定要不要买。"晓雅立刻说："买不买都没有关系，我可以先给您简单介绍一下，您了解之后再决定是否要买。"

于是，她先将那位阿姨带到休息区，让她坐在那里休息一下，自己去拿几款样品机。然后，她一边向阿姨介绍，一边观察对方的表情："这一款是刚刚推出的榨汁机，可以将果肉和汁完全分离开，使用起来更加方便，而且其容量比较大，但价格有些高。"此时，晓雅发现阿姨先是抬起头望着天花板，然后又闭上眼睛，她猜测对方可能陷入了思考中。

因此，她不再多说，而是留给对方充分的思考时间。当那位阿姨睁开眼睛后，她开始接着介绍其他型号的榨汁机。过了一会儿，晓雅发现对方轻微地摇了摇头，并闭上了双眼。见此状，她推断对方可能有些不喜欢或是听久了有些厌烦。于是，她立刻结束了谈话，亲切地说："阿姨，我今天就给您介绍到这吧，您先考虑一下，现在我用这些榨汁机榨些果汁，您可以尝尝。"

接着，晓雅便向对方展示了那台新推出的榨汁机如何榨果汁，还让对方亲自上前操作。在榨好果汁后，晓雅将果汁端到休息区拿给对方喝，并与其聊一些家长里短。

几天过后，那位阿姨再次来到超市，直奔晓雅所负责的榨汁机区域。当其他人接待她时，她却说："请让那个叫晓雅的姑娘过来吧，我想让她再给我介绍一下榨汁机。"当晓雅过来后，她与阿姨没聊多久，阿姨就痛快地买下了新推出的那款榨汁机。

【心理学家分析】

在日常生活中，睁眼、闭眼都是人们十分常见的眼部微动作。可是在不同的情况下，闭眼却有不同的含义。心理学家表示，当人在抬起头或是闭上眼睛时，往往表示对方正在思考。而有时候对方闭上眼睛则意味着对方有些厌烦、不满等。

当眼睛睁开时，大脑所负责的视觉区域会不由自主地接收外界的信息，从而导致这个区域处于忙碌的状态中。可是，当我们需要思考时，只要闭上眼睛，就能隔离外界信息的干扰，从而让大脑更专注地思考。此时，将头抬起来可能也会有帮助，因为看天空或是看着天花板，不会导致视觉区域变得忙碌。

为了证实这个理论，有研究人员曾做过这样的实验：他们邀请一些志愿者作为实验对象，先让其看几分钟的电视节目，然后让志愿者休息一会儿。接着，研究人员开始询问志愿者刚刚看到了哪些画面。志愿者在回答问题时，有的人会抬头看着天花板，有的人会闭着眼睛，有的人则会看着正在播放画面的电视屏幕。

实验统计结果表明，志愿者在回答问题时抬头看着天花板和闭着眼睛的情况居多，而看着正在播放画面的电视屏幕的志愿者则很难回答出研究人员的问题。这项研究表明，抬头看天花板或是闭上眼睛能够阻断对大脑回忆形成干扰的信息，从而有利于人们回忆和思考。

那么，闭眼除了表示思考外，还有哪些不同的含义呢？在此，就让心理学家为我们总结一下：

» 遇到危险时会紧闭双眼

心理学家分析，当一个人处于危险的境况中时，他总是会下意识地闭上双眼，这表明当事人一方面是心存恐惧，另一方面则是想要保护自己。比如，5岁的娇娇在看到一只大黄狗走近她时，吓得她立刻闭上了双眼，并且"哇哇"大哭。妈妈听到哭声，立刻走过去将大黄狗赶走了。此时，娇娇才慢慢睁开双眼。

» 不满或是不喜欢时会闭上双眼

心理学家分析，当一个人处于不喜欢、生气的情绪状态中时，就会不由自主地闭上眼睛，这个动作表明对方可能心存不满或是心不在焉，抑或是对讲话者起了疑心。闭上双眼可以阻断自己的视线，从而达到"眼不见心不烦"。面对这种情况，我们不妨尽快结束话题，否则只会让对方更加不满。

比如，上文的晓雅正是通过顾客的闭眼动作读懂了顾客的心理，从而及时地结束了自己的介绍，改做其他事情，以缓和对方的厌烦情绪。

» 身体疲惫时会闭上双眼

从生理学角度来看，当一个人处于疲惫的状态中时，往往会渴望休息一会儿，所以此时他会自然地闭上双眼，以让自己好好地休息一下。

因此，在人际交往中，通过观察、分析对方闭眼的状态，我们就能准确地了解对方的心理状态，从而让我们在社交场合中如鱼得水。

Part3

头部动作暴露你的内心

　　如果一个人一边摇着头一边说着赞同我们的看法，而且频率特别快，幅度也很大，那不管他表现得多么真挚，摇头的动作都反映了其内心的消极态度，所以这时候我们一定要多留个心眼。

抬头挺胸的人最为自信

【心理学故事】

陈虹是某公司的人事部经理。最近公司的销售部经理因为想要到上海去发展，所以向公司提交了辞职报告，这就意味着陈虹必须在一个月的时间内再招到一名合格的销售部经理，要不公司的业务就会受影响。

陈虹一开始没觉得这事有多难，她认为人应该挺好招的，于是就不紧不慢地安排进行常规招聘，结果谁知道一连三周都没能找到合适的人。这下老板都有点着急了，跟陈虹说，不行的话找找猎头吧。

老板都这么说了，陈虹只有照办，结果猎头公司很快就提供了一些人选。为了不浪费大家的时间，陈虹先是认真对这些人的基本资料进行了分析，然后确定了三个人，随后又把这三个人的资料拿给老板看，让他选两个，最后进行面谈。

老板根据自己的经验选了两个人，让陈虹约这两个人在同一天面谈，一个上午见面，一个下午见面。结果和两个人都聊过之后，陈虹觉得这两个人在销售方面都有着丰富的经验，而且手头掌握的资源也都差不多，所以真的有点难以取舍，就问同样参加了面谈的老板的意见。

老板想了想说："我觉得还是下午见的那个比较合适，我看他向我走过来的时候抬头挺胸，坐着的时候也是这个姿势，说明这个人很自信，有活力，而且还有不错的领导力，他的这些品质正好适合做销售工作；而上午那个人虽然也很优秀，但是稍显缺乏自信，还有点老气横秋的样子。"

后来的情况证明，老板的眼光真的很准，新招的销售经理刚来公司两个月就将销售部的业绩提升了 10%。

【心理学家分析】

当我们在日常生活中看到一个走路时抬头挺胸的人，我们就会很自然地认为这个人是充满自信的，做事是果断的。那么，这样的感觉是不是靠谱呢？抬头挺胸与我们的心理状态之间是否存在着某种内在的联系？

研究者发现，那些充满自信、活力，性格坚强又具有领导力的人大多数时候都是抬头挺胸的，那为什么会这样呢？或者说为什么我们会很自然地将抬头挺胸与自信、坚强等性格特质联系在一起呢？

这一点可以从进化心理学家的研究成果中找到答案：他们认为人类在进化过程中除了遭遇了无数的自然灾害外，还会面对来自人类之间的互相残杀以及各种大型猛兽的攻击，所以只有战胜同类和猛兽的攻击才能生存下去。

而在无数次的战斗过程中，虽然智力和体力对战斗的胜利起到了决定性作用，但不可否认的是一些基本的生理反应也是非常重要的获胜条件，其中就包括抬头挺胸，它可以让人在战斗中获得胜利的概率增加。比如它可以让人体的交感神经与副交感神经协调一致，可以让人快速进入战斗状态，让人的视野变得更加开阔，从而获得更多有用的信息，同时也能在第一时间察觉到危险。它还能让人显得更加高大，这样就能震慑对手，等等。

可并不是每一个人都能做到抬头挺胸，因为人的心理与生理功能在巨大的压力面前很有可能会一触即溃，所以习惯抬头挺胸的人也会慢慢变得迟钝，不再机敏、警觉，转而低头含胸。而那些能坚持抬头挺胸的人自然就能通过不断获得胜利让自己在人群中处于主导地位，这样一来他们自信、坚强、充满活力的心理状态也就慢慢形成了。在人类漫长的进化过程中，这些心理状态逐渐和抬头挺胸这个动作形成了紧密的联系，所以人们才会一看到抬头挺胸的人就会觉得他是自信、坚强的人。而且心理学家还认为当一个人做出抬头挺胸的动作时，就会产生自信、充满活力、具有领导力等心理状态。

此外，他们还认为，就算是长期处于消极心理状态的人，抬头挺胸的时候心态也会变得积极，他们的自信心会大幅度提升，觉得自己非常坚强而且充满活力。

新西兰某学者的一项研究表明，抬头挺胸是有助于缓解抑郁情绪的，而且抬头挺胸确实可以改变人的精神面貌和自信形象。

不过也有心理学家指出，抬头挺胸的人其实是很孤独的。因为他们走路的时候一直都直视前方，根本看不到两边的风景，这样一来就隔绝掉了周围的信息，不和外界接触，当然会很孤独。而且经常做出这个动作的人通常有着强烈的自我表现欲望。

在我们与人交流的过程中，如果对方在倾听的过程中一直保持着抬头的动作，又或是中间还伴随着一些其他细微面部表情，那就表示他很有可能正在思考你所说的话。

但是如果对方在抬头的同时头部略微扬起、下巴突出、眼睛上挑，那就说明他是在表示傲慢或是展示自己的权威，也有可能是轻视交谈对象。

点头背后的含义

李明大学毕业后在一家办公用品公司做销售，其实像他这样一点经验都没有的年轻毕业生公司原本是不招的，只不过当时老板觉得他身上有一股一往无前的冲劲，敢打敢拼，很像自己年轻的时候，所以就决定给他一个机会，想看看他能不能闯出一片天地。

事实证明，老板的选择没错，李明进入公司后进步很快，凭借着一股冲劲以及不怕吃苦的精神，他很快就在公司里站稳了脚跟。老板很高兴，决定重点培养他，于是就安排一个有着丰富经验的金牌销售员做他的师父，让他开始接触一些大客户。

上周二他和师父到一家大公司拜访客户，对方的行政总监热情接待了他们，其实他们这次来是想让对方答应，未来三年公司所需要的办公用品都从他们这买。来之前他们俩商量，一开始先让李明打头阵，如果不行，师父再出马。

于是他们经过简短的寒暄后，就进入了正题，李明先用简单的语言将自己公司的情况介绍了一遍，对方的行政经理一边听一边点头。看到这种情况，李明心里暗自高兴。于是还没等客户发表意见，他就又开始介绍事先拟定好的合作方案，一点都没给客户留下说话的机会，就这样，客户的脸色慢慢变得有点难看了。

不过正沉浸在兴奋情绪中的李明根本就没在意这些细节，而是继续滔滔不绝地说着。这时候他发现客户点头的频率加快了，所以他在心里已经认定只要自己讲完，这一单就算做成了。

可是等他说完后，意想不到的事情发生了：还没等客户说话，师父就抢先对客户说道："三年的办公用品采购所涉及的金额并不是个小数字，相信您一定需要认真考虑一下，所以您不必太早做出决定。现在我们把这份计划留给您，您抽空再看看，如果有什么建议欢迎随时和我们沟通。"

对方听师父这么说，脸色才好看一些，说自己一定会认真考虑的，还说会和公司领导研究一下。然后，师父和李明就起身告辞了。

刚出对方公司大门，李明就着急地问师父："刚才对方不是一直在点头吗？这说明他应该对这份合作计划挺满意的，说不定当场就能签合同，可您怎么让他再考虑一下啊？就怕到时候他又选择了别家。"

师父听了他的话，说："今天你犯了一个错误，你一直在说，根本就没有让客户发表意见，当时他的脸色已经变得难看了，后来他又频繁地点头，这说明他已经不耐烦了，根本不想听你再说下去。如果我不那么说，恐怕他当场就拒绝了，你好好学着点吧。"

【心理学家分析】

　　在日常生活中，我们经常会看到人们做出点头这个动作，很多人认为点头就是表示肯定。其实在不同的场景之中，点头的不同频率表达着不同的含义。比如当一个人被人威胁而不得不点头的时候，这里的点头自然就不是肯定、同意的意思了。

　　如果我们在谈话的过程中向对方提出了一个问题，那么在听对方的回答时我们就应该一边听一边点头。当对方回答完以后，如果感觉对方提供的信息不够，我们可以再连续点五次头，频率保持在一分钟一次。通常在我们点第四次头的时候，对方就会再次开口说话，并提供更多的信息，这时候我们只需要静静地一边听一边点头就可以了，并不需要开口说话。这样做可以激发对方的表达欲望，同时也会对我们产生好感，而这种好感最直观的表达方式就是对方所说的话比平时多出了 3 ～ 4 倍。

　　研究表明，点头的幅度越大，动作越夸张，讲话的人就越容易相信我们、认可我们。另外，点头的频率也能显示出倾听者的耐心程度。比如缓慢地点头表示倾听者对谈话内容非常感兴趣，而当讲话者看到对方若有所思地缓慢点头时，讲话者心里就会非常高兴，因为他觉得对方不仅认同他的观点，而且还进行了认真的思考。

　　所以，当一个人陈述自己的观点时，我们最好是慢慢地向对方点三次头，用这种方式表示自己在认真地听他讲话。

　　此外，在我们与人交谈的过程中发现对方点头的动作与谈话所涉及的问题或是内容并不符合时，就说明对方并没有认真听我们说话，或许他现在正在想别的事情，又或是有什么急事要办，但又不好意思说。这个时候我们最好是及时停止谈话，问问对方是不是有什么事，因为就算我们再说下去，也是没有意义的。

有心理学家认为，点头有时候也表示无聊、动摇或是不关心等负面情绪，那么该如何去分辨点头的具体含义呢？关键就是看点头的时机。比如当我们说完一句话的间隙又或是就某事征求对方的意见时，对方点头是表示他同意我们所说的话，这就说明他对我们说的事情感兴趣，同时也说明他在认真听我们讲话。

然而，如果对方不分时机地频繁点头，比如我们说了一句话或是阐述了一个观点后，对方频频点头，超过了三次，那就说明他很有可能对我们所说的话一点兴趣也没有，又或是感到厌烦。或许他此时心里正在想："你赶紧说完吧，真不想听了。"也有可能是对方发现我们的思路并没有按照他所希望的那样发展，于是就产生了动摇的情绪，想要通过点头的方式催我们快点把话说完，好度过这段无聊的时光。所以在交谈中，如果对方出现与谈话节奏不符的频繁点头情况，那就一定要谨慎对待，最好是停下来询问一下对方的想法。

摇头动作背后的含义

【心理学故事】

　　赵乐在一家知名的广告公司上班，最近公司接了一个大客户，是一个很有名的化妆品品牌，如果能成功拿下这个大客户，那公司就会离行业老大的位置又近一步。所以公司老总非常重视这件事，决定将所有的精兵强将全部投入到这个项目中。

　　可谁知道公司的这些精英一连出了几个方案，都被客户给否了，每次给的理由都是不够新颖。结果老总急得牙龈都肿了，这时候公司的创意总监提议说要不让新人也帮忙做这个案子，说不定就有客户喜欢的创意呢？

　　虽然老总心里觉得新人是不可能拿出什么好方案的，但是抱着"死马当活马医"的心态，也就同意让赵乐这样的新人也来试试。

　　赵乐知道后心里非常感激创意总监，因为他觉得是创意总监给了自己一战成名的机会。他很清楚如果这次自己成功了，那就一定会得到重用，于是他全身心地投入到了策划案的制作中。

　　他紧张工作了 7 天后，终于在客户给出的最后期限之前拿出了自己的策划案，做好之后他把策划案拿给创意总监看，希望总监能指导自己一下。谁知道创意总监看了他的策划案后，张大嘴巴并轻轻地摇头，他一看总监摇头了，就觉得肯定是没戏了。于是他沮丧地问总监："是做得太差了吗？我看您一直摇头。"

这时总监回答说："不是差，是实在太好了，我觉得你这份策划案很有新意，而且考虑得也很周全，相信客户会满意的，真想不到你这么厉害。"

最终，赵乐的这份策划案果然像总监说的那样得到了客户的认同，而他也凭借这份策划案一战成名，直接由一名普通的策划升到广告部A组的主管。

【 心理学家分析 】

人们普遍认为摇头代表着"不"或是"否定"的意思。据进化心理学家分析，摇头很有可能是人类与生俱来的动作，而且我们来到人世间做出的第一个动作就是摇头。这是因为在哺乳期的婴儿每次吃饱之后都会通过摇头来拒绝奶水又或是其他食物，所以我们从婴幼儿时期就已经懂得通过摇头来表达"不"或是拒绝的意思了。因此，看到摇头的动作我们会很自然地想到这是在表达拒绝和否定。

所以在我们与人交流的过程中，如果对方对我们的意见或是观点表示赞同，并且还努力让这种赞同表现得诚实可信的时候，我们不妨观察一下对方在说话的同时有没有做出摇头的动作。如果一个人一边摇着头一边说着赞同我们的看法，而且频率特别快，幅度也很大，那不管他表现得多么真挚，摇头的动作都反映了其内心的消极态度，所以这时候我们一定要多留个心眼。

不过，当我们遇到一些具体的事情时，我们就不能片面地将摇头全都理解成拒绝或是否定，比如摇头是一个人的习惯性动作，那他就不是表示拒绝和否定。此外，在心理学上摇头还有以下几种含义，我们来简单了解一下：

» 无意识地轻轻摇头

有的心理学家认为，在母亲喂养婴儿的时候，婴儿需要左右摇摆脑袋才能获得更多的乳汁，所以一个男人在与异性交流的时候总是无意识地轻轻摇头，那就说明这位异性让他回想起了童年时吮吸乳汁的满足感，而这正是爱情开始的前奏。

» 摇头幅度小，频率也非常低

如果我们在与人交流的时候发现对方虽然是在摇头，但是摇晃的幅度非常小，频率也非常低，那就说明这并不意味着否定，反而是一种暗示，是对方在暗示我们继续说下去，或是将话题延续下去，而他自己暂时没有说话的打算。此外，有的人在默许别人的一些话的时候也会做出这样的动作。

» 心情尚好时摇头晃脑

还有一种情况，有的人在觉得得意或是心情高兴的时候就会摇头晃脑，比如得到了丰厚的年终奖的时候、被领导表扬的时候、品尝美食的时候都会不自觉地摇头晃脑。

» 无奈地摇头

很多时候，我们还会用摇头的动作表示无奈，尤其是在一脸沮丧的时候，比如当一个病人因抢救无效去世的时候，走出手术室的医生什么都没说，只是一脸沮丧地走出来，然后对着逝者的家属摇头，这是在表达无能为力的无奈心情。所以就算他什么都不说，家属也能接收到亲人去世的消息。

因此，当我们与人交流时对方一脸沮丧地摇头，那就不要再去责怪对方没有全力以赴，因为他真的已经尽力了，再去责备他不仅于事无补，还会让对方怨恨我们。

» 摇头的同时，还张大嘴巴

如果当事人在摇头的同时又出现了张大嘴巴的动作，那就表示当事人感到惊讶或是不可思议，其中包含了惊叹和赞许。所以当对方做出这样的动作时千万不要误解其真实意图，而是应该向其表示感谢，这样就能够给对方留下谦虚的良好印象。

倾斜头部的心理含义

【心理学故事】

三个月前，云烨终于鼓起勇气向自己暗恋了一年的女同事辛月表白了。他对辛月说，喜欢她，想照顾她。不过辛月并没有答应，只是说自己对云烨了解不多，想要多了解了解再做决定。

听辛月这么说，云烨虽然很沮丧，但同时也有点高兴，因为毕竟对方没把话说死，这是给了他一个机会，而且把憋在心里的话说出来，畅快多了。

所以他就满怀信心地开始公开追求辛月，为了能追上女神，他每天管接管送，而且还无微不至地关心，最重要的是只要有时间他就会给辛月讲自己经历的趣事，从小时候讲起，什么陈芝麻烂谷子的事都讲了。讲完了自己的事还讲家里的事，而且还请辛月到自己家吃饭，他们一家人热情款待了辛月。

除此之外，他还以互相了解的名义硬是让辛月带着他回了一趟辛月的家，辛月的爸妈都很喜欢他。

成功打入"敌人"内部后，他觉得自己成功的希望已经无限增加了，不过还是不敢有丝毫懈怠。他知道辛月喜欢读书，经常参加读书会，他也买来参加读书会要用的书，硬着头皮去读，而且每次读书会都不缺席，就这样他和辛月的共同话题越来越多了，他们一起活动的时间也越来越多了。

可即便如此，辛月对感情方面的事从来都没有个明确的说法，好像只是想和他做朋友，因为两个人之间所做的一切事都没有超出普通同事或是普通朋友的范围。云烨虽然心里着急，但是也不敢说什么，万一连朋友也做不成呢？现在这样每天都能见到，说说笑笑的不是挺好吗？

这天是辛月生日，可是她并不是个爱热闹的人，所以也不愿意庆祝，只是叫了云烨陪她一起逛逛公园，聊聊天。到了公园，他们俩走走看看，走累了就把背包里的吃的拿出来吃，吃饱了就继续走。一边走一边聊，就这样，一个公园他们逛了三四个小时还没逛完，最后实在是有点累了，就想找个长椅休息一下。

他们看到一个长椅，就在他们走向长椅的时候，却听到后边有按喇叭的声音。可当他们听到声音反应过来的时候，电动车已经开到辛月跟前了，来不及多想的云烨用尽全力拉了辛月一把，她这才没被电动车撞上。

反应过来的辛月还是有点后怕，于是云烨就扶着她到不远处的长椅上休息，这时候辛月很自然地将头偏向他这一侧。看到这个情况，云烨高兴极了，知道辛月已经接受了自己，于是马上把肩膀凑过去，辛月也顺势把头靠在了他的肩膀上。

【心理学家分析】

在日常生活中，我们经常会看到一些人在不经意之间做出倾斜头部这个动作。那么，人们都是在什么情况下才会出现这个动作呢？比如在外边工作了一天回到家后，穿着家居服坐在沙发上，做着自己喜欢的事情，觉得很舒服，这时候人们就会下意识地倾斜头部，以此表达内心的舒适；再比如当一个女孩和喜欢的人在一起的时候，心里很高兴，这时也会不自觉地向其倾斜头部。所以，当人们心里觉得舒适的时候，就会出现倾斜头部的动作。

而提起倾斜头部这个动作的来源，这就要提到我们的睡姿，因为这个动作其实源自于我们在睡觉时的习惯动作。大量的研究证明，我们在歪着头睡觉的时候会比其他的姿势睡得更舒服更香甜一些，因为歪着脑袋睡觉的时候头与枕头可以接触得更紧密一些，从而能让自己获得一种安全感。那么，我们在这样的心理暗示下当然就会睡得很舒服了，也正是因为这样，一个人在做出倾斜头部动作的时候也会觉得非常舒服。

除此之外，倾斜头部的动作还与我们看问题的角度有很大关系。通常我们都是端正头部去思考问题的，可这样往往不能将问题理解透彻。当我们的头部倾斜到一定角度的时候，内心自然就会产生一种积极的心理暗示，会让我们尝试着去从另一个角度进行思考，或许这时候我们就会有完全不同的想法。如果问题顺利解决了，心理上自然就会觉得轻松舒适，所以在倾斜头部的时候，我们就会有舒适的感觉。

不过，倾斜头部也不是只表达内心舒适这一层含义，在不同的情况下它也会传递出不同的信息。

比如，如果一个人在与人交流的时候尽量将自己的头侧向一边，就表示此时他的内心是非常顺从的。因为当一个人做出这样的动作时，就会将身体的要害部位——脖子和咽喉暴露出来，这样做会让自己看上去非常弱小并且缺乏攻击性，很自然地展现出了自己顺从的一面。

其实，该动作源自于婴幼儿时期对父母的依偎，那时候我们经常将头依靠在爸爸妈妈的身上，其实属于一种撒娇的行为。因此该动作大多会出现在女性的身上，她们是想要通过这种动作去吸引自己喜欢的男人的眼球。

我们在日常生活中也经常会看到这样的情景：一对恋人坐在公园的长椅上，女孩斜着头靠在男友身上，非常的甜蜜。因此当女性对男性做出这样的动作时，如果男性也对其有好感，那就应该做出积极的回应，要不然女方会很伤自尊，敏感一点的人甚至会做傻事。

不过，这个动作有的时候也会被女性用来卖弄风情，因此我们应该注意两者之间的差别：如果是为了凸显风情，女性在做这个动作的同时还会有抬高头部、玩弄头发等动作，那么这就说明当事人已经有假装天真或是故意卖弄风情的嫌疑了。

当我们与人交谈时，如果对方对我们所讲的话题或是所讲的某件事感兴趣，也会做出倾斜头部的动作，这其实是在受到某种吸引或是诱惑后身体的一种本能反应。这种反应不仅入类身上有，就连动物也会有类似的表现，比如小猫小狗看到或是听到新鲜的事物或者特别的声音的时候，头会不自觉地倾斜到一边。

在日常生活中，当我们对一件事情感到无法理解又或是觉得莫名其妙的时候，也会做出倾斜头部的动作。大多数情况下，我们还会用一只手去托住倾斜的头，这表示当事人正在认真思考问题，想要把事情弄清楚、搞明白。由此可见，用手托住倾斜的头部是在传达一种"疑惑"的信号。因此，在人际交往中如果有人做出了这个动作，那就不妨直接询问对方有什么疑惑的地方，再给他一个满意的答复。这样不但可以消除对方的疑虑，还能够让彼此之间的友谊得到增强。

摸头发的心理含义

【 心理学故事 】

　　秦朗和老婆是在家附近的一家书店认识的。这家书店秦朗经常去，那里的咖啡也很不错，尤其让他喜欢的是那大大的落地窗，透过窗户可以清楚地看到外边的人和事，看到蓝天和白云。而每当看到这些的时候他心里总是会很平静，还能暂时忘记那些让人烦恼的事，所以每当闲暇的时候他就会到这家书店，选一本自己喜欢的书，再点上一杯咖啡，然后静静地坐在那里看书。

　　那天下午他闲来无事就去书店看书，到了书店后发现平时自己习惯坐的那个靠窗的位置已经被一个长发女孩坐着了。他很想知道究竟怎样的人喜欢和自己坐同一个位置，就走上前装作不经意地看了长发女孩一眼，结果眼睛再也移不开了，因为这个女孩正是他喜欢的类型。

　　胡思乱想了一阵后，他决定找个地方先坐下来，然后认真地观察一下，万一人家有男友，又或是结婚了，那自己想再多也没用。结果他在那看了一个小时，都没有人来找那个女孩，而且他还发现了一个有意思的现象：长发女孩坐在那里也不看书，只是静静地望着窗外，而且每隔一段时间就会摸一下头发，一个小时的时间里她已经摸了17次头发，三分多钟就摸一次头发。这个时候秦朗终于确定她就是一个人，并没有在等谁，而且心里明显有事，想要找人诉说。

于是，他就鼓起勇气去和人家搭讪，问对方是不是有什么心事，如果有的话可以和他说，或许自己能给她提供一点有用的建议。幸好人家对他的搭讪并不反感，于是他就很自然地坐在她的对面，跟她聊了起来。

一聊他才知道，这个女孩叫孙秀琳，最近家里人老是催着她相亲，说她年纪不小了，得赶快找个对象，要不然嫁不出去了。可是她是个相信爱情、相信缘分的人，并不想草率地找个对象，草率地结婚，这样对自己也太不负责任了。就这样，她和家里人产生了矛盾，连续两天心情都不好，今天心里闷得慌，就来书店坐坐，透透气，而且她还说很想找个人说说话。

听到她还没有对象，秦朗心里别提多高兴了，针对她说的问题他建议一方面要和家人进行耐心的沟通，另一方面既然家里人着急，那就要做出一些举动，比如可以试着接触一下身边条件合适的男生，这样家里人也就不那么急了。

孙秀琳觉得他说的话挺有道理的，随后两个人互相留下了联系方式，而且他们还发现彼此住得都不远。就这样，从那以后他们的联系越来越紧密，直到走入婚姻的殿堂。

【心理学家分析】

在日常生活中，我们时常会看到有的人在与人交流的时候总是时不时地摸一下自己的头发，又或是时常摆弄一下头发，感觉好像是想要引起对方对其头发的兴趣。而且有的人不只是在和人交流的时候会这么做，就算是一个人在家待着的时候也会时常摸摸头发。

相关研究证明，头发在所有承受接触的人体部位中被接触的频率是最高的，所以像摸头、挠头、摸头发诸如此类的动作在生活中出现的频率是非常高的。

其中挠头的动作经常出现在男性身上，男性做出这样的动作时，表示此时其内心充满了痛苦、害羞、困惑又或是为难等情绪，而摸头发更多的是一种害羞的表现。

当一个人将手举向自己的头部，做出诸如"搔""抓"等动作时，最开始只是为了整理一下头发，保持头部的整洁，这是在关注、维护自己的形象。可是后来这些动作开始慢慢脱离初衷，变成了整理已经陷入混乱的情绪或是缓解处于紧绷状态的神经，从而变成了一种自我亲密的方式。其主要目的是为了让自己的精神获得安定，这都是由下意识的心理作用造成的。

此外，摸头发的动作在不同的情境下有着不同的含义。比如，两个人正在进行交谈，这个时候其中一方突然下意识地摸了一下自己的头发，这很有可能说明行为人此时心里非常不安。

» 心不在焉

如果我们正在对着一个人滔滔不绝地阐述着自己对国家经济的看法，而听我们说话的人却一边回应一边摸头发，通常都说明他心里正在想着别的事，根本就没有好好听我们说话，又或是想说一些自己想起来的话题，希望我们赶快结束自己的谈话。所以，这个时候我们最好停下来问问对方有什么要说的话。

» 不耐烦

如果一个人在与人交流的过程中已经开始用手指去梳理头发，那就说明这个时候他心里非常不耐烦了。所以当遇到这种情况的时候最好是适可而止，要不然对方很有可能会粗暴地打断谈话或是直接离开。

» 敏感、情绪化

如果一个男性在与人交流的过程中经常摸头发，那就说明他非常情绪化，而且还很容易焦虑、郁闷。但这样的人对流行事物或是文化非常敏感，可是在对人的态度上却忽冷忽热。

» 掩饰行为

摸头发还有可能是一种掩饰行为，当一个人极力想要掩盖一个小谎言又或是觉得自己没办法拒绝对方的要求时，同样会做出摸头发的动作。

» 自我安慰

如果两个人针对一个问题展开辩论，而甲方最终被乙方说得无言以对，那这个时候甲方就会做出摸头发的动作。这样做除了自我安慰外，同时也是心情不好的一种外在表现。而胜利的一方看到对方摸头发的动作后，通常也会做出摸头发的动作，这是在表达一种辩论获得胜利后的得意。

» 排遣郁闷心情

如果一个人静静地待在一个地方，只叫了一杯饮品，坐在那里非常无聊地望着窗外，在此期间每隔一段时间就会摸弄一下头发，这就说明他／她心里有事，很想找个人倾诉一下，通过这种方式排遣心中的郁闷。

» 内心有所动摇

如果心中对以往坚持的事情有所动摇，也会下意识地去摸摸头发。至于在思考的时候摸头发，则表明了内心的困惑。

除此之外，比较感性的人更喜欢做出摸头发的动作。这类人在生活中善于思考，做事情细致、感性，可恰恰是因为这种感性或是敏感才导致他们中的大多数人缺乏对家庭的责任感。不过他们具备一个很多人都不具备的优点，那就是总是能够做到问心无愧，尤其是在情感方面。

比如，女性在男性面前整理头发时必须将头略微垂下，柔软的手腕也会向外裸露，柔软的长发在指间来回地拨弄，既展现出了女性娇小、柔弱的一面，又把头发这个有着性吸引力的身体部位变成了视觉的焦点。试问，如果一个男性本就对她有好感，这时候又怎么会不采取行动呢？

低头动作背后的心理含义

【心理学故事】

昨天，李梦参加了大学同学的聚会，在聚会上喝了一点酒的她借着一股酒劲向老同学周阳讲了一件事。其实这件事很简单，就是上大学的时候她喜欢过周阳，确切地说是暗恋，因为她一直都没对周阳说过。

周阳听后吃惊地说："你有喜欢过我吗？我真的没看出来，其实当时我也喜欢你，记得大三的时候有一次放《泰坦尼克号》，我想约你去看，票都买好了。可那天下午当我走近你的时候，却发现你低着头根本不看我，然后又抬起头望着远方，好像很不想和我说话。当时我觉得你是讨厌我，如果开口请你看电影，一定会被你拒绝。我不想弄得大家都尴尬，所以就离开了，电影票也送给了别人。那以后我虽然还是偷偷喜欢着你，可是看你有了男友，就更没法向你表白了，就这样一直到大学毕业。毕业后我还经常打听你的消息，知道你和男友分手了，当时我就想去找你，火车票都买了，可就是没勇气。后来家里人觉得我年龄不小了，就一直张罗着让我相亲，一开始我不同意，心里还想着你。可后来听说你结婚了，过得挺幸福，我才彻底死心了，心想只要你过得幸福就好。"

李梦听了他的话眼泪"唰"的一下流了下来，然后略带哽咽地说："那时候我喜欢你，就连同宿舍的人都知道。你说的那天我知道，我知道你买了电影票，但我不知道你是想请我看电影。当时我看见你走过来，那时候我旁边站着咱们班的班花吴薇，平时你总是和她待在一起，当时同学们都说你们已经处对象了，所以我以为你是去找她的，我就故意做出厌恶你的样子，其实是想引起你的注意。可没想到你走了一半又回去了，从那以后好像就开始刻意和我保持距离。我觉得这辈子咱俩是不可能了，就找了个男友。可那时候我还是一直想着你，后来我的心思好像被他察觉到了，也有可能是我没办法全身心投入到这段感情中吧，我们就分了。再后来因为实在是拖不起了，就顺从家里的安排开始相亲，那时候就想赶快稳定下来，所以没见几个就选了一个确定了关系，处了半年就结婚了。"

【心理学家分析】

在现实生活中，当我们遇到自己喜欢的人时，身体就会下意识地做出很多动作，比如不敢注视对方，紧张地摩擦双手，等等。而对一个矜持、害羞的女性来说，当其遇到自己喜欢的人时，通常会不自觉地低头。这个动作经常在影视剧中出现，它用来表现一个年轻的女人在遇到心爱之人时的那种害羞心理。

而在日常生活中，大部分女性在与异性对视时都会不自觉地低下头，而该动作可以追溯到封建社会。那个时候的女性平时是很少出门的，所以很少有机会能够见到亲人之外的男性，当她们见到陌生男人的时候难免会害羞，一害羞就会很自然地低下头。现在虽然时代不一样了，但是女性的这种心态却没有发生改变，只不过是将陌生男人替换成了自己喜欢的人。

另一方面，女性的感受通常要比男性更为敏感一些，她们非常在意自己喜欢的男性是否重视自己，所以经常喜欢偷偷看看对方，可是又很怕对方会发现。于是她们和喜欢的男性相遇的时候，为了防止对方发现自己在偷看，就会经常出现低下头的动作，其实这也是在害羞。

心理学家指出，女性做这个低头的动作还有出于内心的一种自我抑制。因为如果直接向喜欢的人表白，被一口回绝的话，那不仅会让自己很受伤、下不来台，而且就连做朋友的机会也没了。所以为了不想受伤，她们才会想办法努力抑制自己的感情，当她们看见心仪的对象时就会不自觉地低下头。

如果一个女性在与男性交流的过程中先是低下头，然后避开对方的眼神看着远方，这样做的潜台词就是她不想看见对方，是在明白地表示厌恶。所以当男性看到一个女人对自己做出这样的动作时，最好是自己主动离开，这样做可以及时地避免尴尬。

不过，也有心理学家指出，生活中一个女人明明喜欢着一个男人，但当她看到这个人的时候还是会做出厌恶的举动，比如低头、看着远方。其实她做出这样的动作只是想要引起对方的注意，因为此时她的内心是非常紧张的。如果这个时候男人误解了她的意思，很可能就会造成无法弥补的遗憾。

心理学家认为，日常生活中经常低头的人不管做人做事都是非常谨慎、平和的，可以说不愿有任何的疏漏。他们讨厌过分激烈的人和事，同时也不会喜欢轻浮的人，在学习和工作时都非常勤奋，结交朋友很慎重，宁缺毋滥是他们所坚持的原则。不过心理学家指出：经常低头的人很有可能会产生社交障碍。

低头在大部分时候都表示自己是低于对方的，所以经常用于表示谦逊、礼貌以及服从，不管是真心的服从还是委屈的服从。如果一个人在低头的同时脊柱还保持着直立的状态，并且具有一定的力度，那就多半是表示服从。需要说明的是，这样的服从仅仅是针对某件事情，如果当事人所接收的信息是不合理的，那么这时候他就是屈从，其内心是不认同的。

如果在低头的同时，人的脊柱是弯曲的，甚至身体的其他部分也都在顺从地心引力，呈现出了弯曲又或是降低的姿态，那就可以判定当事人是没有反抗心态的，虽然其心里面不一定认可，但是却不想反抗。同时这也说明，当事人对彼此之间的身份差异是完全认同的，他心里面很自然地认为自己的身份比较低。

在日常生活中，当一个人做错了事情，心里出现懊恼、自责等情绪时就会低头，我们也常会用"垂头丧气"来形容这个动作以及它所代表的心理状态。同样，当一个人缺乏自信时也会低头，因为缺乏自信的人是非常害怕与人进行眼神交流的，也不希望别人注意到自己，所以就习惯于通过低头来逃避别人的目光。

当一个人在表达内心的不满又或是否定意见的时候也会低头，这样做可以不给对方眼神交流和对视的机会，表明内心已经不再接收对方的信息，又或是在提醒对方已经可以停止当前的谈话了。

拍打头部背后的心理含义

【心理学故事】

吴亮和郑鹏是大学同学，毕业后又都留在了一座城市，所以平时联系得比较多，不工作的时候还会约着在一起吃饭喝酒。吴亮原来在一家科技公司上班，本来工作得挺好的，而且马上要升职了，谁知道突然从总公司调来了一个经理，吴亮就是和这个新来的经理处不到一起去，两个人经常因为一点小事就闹矛盾，搞得吴亮每天心情都不好。时间一长，他甚至觉得这位新来的经理是在故意针对自己，慢慢地，他产生了辞职的心思。

这天，心里不痛快的吴亮下班后约了郑鹏一起吃饭，其实吃饭只是个借口，主要是想把心里的事和老同学说说，这样自己心里也能舒服一些。

谁知道他把自己想要辞职的事和郑鹏说了之后，郑鹏说正好他们公司也在招人，而且招聘的岗位和吴亮现在的岗位差不多，如果吴亮感兴趣的话可以帮他问问，看看能不能把他介绍过来。

吴亮一听挺高兴的，就详细了解了郑鹏他们公司招聘岗位的相关情况，结果发现有的岗位自己完全可以胜任。于是他就让郑鹏给他们公司负责招聘的领导介绍一下自己的情况，问一下自己能不能来他们公司工作。郑鹏听了连声说"没问题，包在他身上"。

回去之后，他把自己的简历给郑鹏邮箱发了一份，然后就开始静静地等消息，结果一连一周郑鹏都没给他回复。他等得有点着急，于是就又约郑鹏打算问问这事，结果当他问郑鹏："我托你问的事怎样了？"这时郑鹏并没说话，而是做了一个用手拍打头部的动作，而且很尴尬的样子，看到这些吴亮就知道他肯定还没问，虽然有点生气，但他知道老同学不是有意的，就说："看你的样子就知道还没问，明天上班可一定要记得问啊。"

郑鹏很不好意思地说："一定，一定。"

第三天吴亮就收到了去郑鹏他们公司面试的通知，而且很快就被确定录用了。

【心理学家分析】

心理学家认为，当我们在日常生活中看到有人用手做出了接触头部的动作，那就有理由怀疑这个人想要对某些负面的想法进行隐藏，可我们弄不清具体是哪种负面的想法。要想搞清楚这一点，我们就必须仔细观察行为人的每一个具体动作，并且还要从整体上对其内心的真实想法进行分析。

比如具体到拍打头部这个动作，它在大多数时候所表示的是自责和懊悔。当我们拜托朋友帮自己办一件事时，过段时间问他："托你办的事怎样了？"如果这个时候他做出了拍打头部的动作，那我们就不用再问了，因为很明显他还没有给我们办好或者是根本就没开始办，因此他在因为没有把我们的事放在心上感到自责。

而拍打头部的具体部位不同，所表示的意义也各不相同。美国谈判协会的专家发现，拍打头部时，习惯拍打后颈的人通常来说都是比较内向的，又或是平时为人比较刻薄；而那些习惯拍前额的人则比较外向，而且也比较容易相处，心直口快，一点心机都没有。此外，他们还坦率、真诚、富有同情心，如果我们想要了解一些秘密的话，他们会是最好的人选。不过这并不是说他们是不值得信赖的，相反，他们很愿意为别人提供帮助，也愿意为别人着想。如果他们有什么地方得罪了我们，那一定不是有意的，这都是因为他们太坦率了。

心理学家认为，如果我们在与人交朋友的过程中对方经常拍打脑后，那就说明他对感情是不大重视的，而且对人也比较苛刻，他之所以会选择和我们做朋友，很大程度上是因为我们在某个方面是可以供他利用的，通俗点说就是他用得着我们才会和我们做朋友。当然，对方也确实有很多方面是值得我们学习的，如做事有主见、聪明、思想独特、执着、具有开拓精神，尤其是喜欢接触新鲜事物，有很强的学习动力。

有的心理学家认为，人们用手拍打头部，其实是想通过这个动作刺激自己的脑细胞，从而达到活跃思维的目的。人们在迫于无奈的情况下也会做出这个动作。实际上，想要通过该动作来活跃思维只是我们的一种主观想象罢了，具体的效果是怎样的却没办法论证。但是随着这种意识变得越来越强烈，人们会通过该动作表达自己的领悟能力，这就又延伸出了"恍然大悟"的意思，所以很多人都认为拍打头部是在表示一个人"恍然大悟"。

需要说明的是，由于拍打头部的动作有着非常丰富的含义，所以在现实生活中很容易被误读，从而让我们得出错误的结论。因此，一定要做到具体问题具体分析，要善于从整体上对每个微动作进行全面分析和把握。

仰头的背后是愤怒还是敬仰

【心理学故事】

卫明是一个谈判专家，他和一家房地产公司的老总蒋波是大学同学。最近这家公司要和美国的一家房地产企业联合开发一个度假村，双方进行了初步了解和接触后，达成了初步的合作意向，不过最终却因为具体分红比例的问题产生了严重的分歧。这家公司认为度假村将来的收益自己要占 60%，而美国方面却要求自己占 55%，对方占 45%，而且双方都有充分的理由。

因为双方都没办法说服对方，谈判就陷入了僵局，蒋波看到这种情况心里很着急，因为公司董事会对这次合作是很看重的，他们想通过这次的合作打开美国的市场，况且如果这次合作能成功，他们就又能打造出一个品牌，也能学习到美方在度假村的建设和管理上的先进经验。而美方公司和他们的想法其实差不多，这也是为什么谈判陷入僵局，但是没有破裂的真正原因。

可话虽这么说，老是拖着也不是办法，为了打破僵局，蒋波就找老同学卫明给出出主意。卫明听了他介绍的情况后，建议他直接找对方的老总谈，这样不但可以节省时间，而且也能更直观地了解对方的想法。

蒋波觉得很有道理，就和对方老总联系说是否有时间直接对话，结果对方说可以，但是要求在美国见面。而蒋波以公司太忙脱不开身为由拒绝了，最后双方决定在新加坡见面。

于是，卫明作为蒋波聘请的谈判顾问和他们一起去了新加坡。到了约定的时间，为了表示合作的诚意，蒋波和卫明主动到美方老总（华人）下榻的酒店去见他。结果双方在会谈的时候，卫明却发现美方老总的座位要比蒋波高出不少，这明显是想通过这种小把戏让蒋波仰头看他，从而赢得心理上的优势。所以卫明发现后马上说："我看蒋总坐得好像不太舒服，还是换一把椅子吧。"说完，他就从旁边拿了一把椅子向蒋波走过去，蒋波虽然不明白他为什么要这么做，可还是站起来让他把椅子给换了。结果换了椅子后，蒋波明显要比美方的老总高了一些，可以看得出来美方老总觉得很不舒服，可是他并没说话。

第一轮的交流结束后，美方老总走过来对卫明说："想不到你们的团队中还有这样的高手，我承认之前我们是搞了一点小动作，真是让您见笑了。"卫明听了就说："如果换作是我们的话也会采取这样的做法的，这只是一种谈判技巧而已，我们都能理解。不过，既然今天大家坐在这里，就说明双方对合作都是有诚意的，那咱们就开诚布公地谈，您看怎么样？"

美方老总说："我同意您的看法。"于是，在接下来的谈判中大家开始直奔主题，当然也有讨价还价，不过此时的沟通明显比之前顺畅多了。最终双方都做出了让步，谈判也获得了成功。

【心理学家分析】

心理学家认为仰头所表达的含义较为丰富，而这些含义是与人类的进化历史有着密切联系的。仰头的动作其实来源于动物，猩猩、狒狒等灵长类动物在相互示威的时候经常会把头仰起来，而且下巴还会向前突出，而人们在吵架的时候也会做出这个动作。所以，这个时候仰头表示的是生气、愤怒的意思。比如一个犯人如果心中对法官有着严重的不满，觉得自己遭受了不公正的审判，那么他在接受法官询问时就会高高地仰起头，以此来表达对法官的愤怒和不满。

此外，仰头的动作还可以从小孩子身上观察到。当一个小孩向大人要东西的时候，由于身高较低，就需要把头仰起来望着大人，希望大人能满足自己的要求。而在成年人身上也可以看到这个动作的痕迹，比如当一个人有求于人的时候，普通人面对权威人物的时候，个子矮的人面对个子高的人的时候，通常都会仰起头听对方说话，所以仰头还有尊敬、祈求的意思。

影视剧中皇帝的宝座总是高高在上，而大臣们站的地方会比他低很多，因此大臣们看皇帝时就需要仰视，这样做就是要让大臣下意识地从心里把自己当成权威。同样，有的管理者为了让员工仰视自己，与员工交谈的时候会让员工坐在低处，而自己则会坐在经过精心设计的位置比较高的座椅上，这样员工在与他交流时就会很自然地仰视，从而在无形之中将其当成权威。有的人在和客户交流或是谈判的时候，也会想办法让自己坐得高一点，这样就可以让客户仰视自己，从而产生心理上的优势，更有利于掌握主动权。

在生活中，个子高的人更容易给人留下美好的印象，有人曾做过这样一个实验：

他们随机选择了 20 名志愿者，要求他们对与自己站在一起的不同性别的模特进行第一印象评估，满分是 10 分。

模特共有两组，第一组是 3 位身高差距在 5 厘米左右的男性，第二组是 3 位身高差距在 3 厘米左右的女性。最终的统计结果显示，不管是男性组还是女性组，身高占优势的人所获得的平均分是 8.7 分，而身高相对较低的人所获得的平均分只有 7.1 分。

研究者认为之所以会出现这样的情况，是因为人们在与高个子交流的时候会不自觉地仰起头。而仰头的动作会不知不觉地导致敬仰感的产生，所以评分自然就会高一些。

此外，关于仰头，有的心理学家还提出过一些非常有趣的问题，比如乘坐电梯的时候为什么很多人都喜欢看着电子屏幕所显示的楼层数？为什么电梯里的那些广告都放在要仰起头才能看到的地方？

心理学家认为，这其实是因为我们每个人都有属于自己的"私人空间"，也就是我们常说的心理上的安全距离。它主要有两个功能：一是可以对抗外界对我们的情绪和身体带来的潜在威胁；二是决定了我们具体通过哪一种感情通道来与人进行交流。

　　所以，当一个陌生人进入自己的安全距离时，我们就会不自觉地恐惧、紧张。而封闭的电梯是一个非常狭小的空间，这样一来人与人之间的私人空间就被迫出现了交集。这样的情况下感到紧张、不舒服的我们就想早一点脱离这个封闭的空间。而在暂时还无法逃离出去的时候，自然会想要转移注意力，但这时候看身边的人是不礼貌的，所以我们就会看看广告或是屏幕上变化的数字，这样做不仅可以让自己获得一种掌控感，还能够转移注意力以及缓解紧张感。

头部形状背后的秘密

【心理学故事】

何淼今年 29 岁了还没对象，爸妈很操心，经常催她。前段时间闺密给她介绍了一个男朋友，两个人见了一面后觉得很有眼缘，也谈得来，所以接触就多了起来。结果，很快她就发现自己貌似已经爱上了这个男人。这个男人很会说话，每句话都能说到她的心坎上，最重要的是他做事严谨，成熟稳重，而何淼就想找这样一个人照顾自己。于是当这个男人又一次向她表白的时候，她接受了，就这样两个人确定了关系。

从那时候起，他们两个只要有时间就会腻在一起，感情迅速升温，很快就到了"非君不嫁、非君不娶"的程度。在这样的情况下，何淼就想要正式把男友介绍给爸妈认识，她很希望爸妈能认可男友，得到爸妈的祝福。

当她把自己谈恋爱以及想让男友来家吃饭的事告诉爸妈后，她爸妈很高兴，"女儿终于有对象了，看那样子感情还挺好"。因此他们一点意见也没有，很快就说好周六晚上让女儿的对象来家里吃饭。

到了周六下午，何森的男友早早就来了，提了不少礼品，何森的爸妈自然说下次再来一定不要再带礼品了，浪费钱。经过简短的寒暄后他们很快就消除了陌生感，因为距离吃饭的时间还早，所以大家就坐在沙发上一边吃着水果一边聊天。

可奇怪的是，一开始何森的爸爸还会时不时地说几句，可到后来他就不怎么说话了，只是随声附和，只剩下何森的妈妈在详细了解对方的情况。到了吃饭的时候虽然气氛不错，但何森注意到爸爸也没喝酒。

所以，吃完饭送走男友后，何森就问爸爸："今天是怎么了，是不是对他印象不好？"爸爸听她这么说，就说："他这头型用专业语言来说是鸭蛋形，这种头型的人是有很多优点，但是也有不少缺点，比如说比较自私，爱面子，重要的是无法承受过大的挫折和压力，所以我觉得你和他在一起是不会幸福的。"

何森很不以为然地说："我和他虽然认识时间不长，但我们在一起相处的时候确实没有发现他有您说的那些缺点，再说我觉您拿头型说事，纯属封建迷信吧！我觉得一点儿都不靠谱，而且我对自己的选择很有信心。"

爸爸听她这么说，知道她已经铁了心了，所以就说："希望我看错了，你就按自己的想法做吧。"

结果8个月后何森和男友分手了，原来随着两个人在一起相处时间的增加，她发现男友真的挺自私的，很多事都是以自己为中心，并不会考虑她的感受。而且更让人接受不了的是，他遇到一点点打击就会颓废很久，这时候就需要何淼花很多时间来安慰他、开导他，一次两次还行，时间一长，何淼就感觉很累。所以最后她实在受不了了，就提出了分手。

【心理学家分析】

有人曾向一位心理学家提出这样一个问题："我们有时候会通过头部动作去了解一个人内心的想法或是状态，可是当一个人的头部没有做出动作时，是不是就无法传达出任何心理信息呢？"心理学家给出的答案是否定的，其实头部的形状本身就能传达出很多信息。

美国的心理学家就曾提出过这样的观点，头部越大、越是饱满的人智商就有可能越高，相反智商则可能越低。这种说法和我们平时所说的"脑袋大的人聪明"是相符合的。

而爱丁堡大学女王医学研究所的研究者对 48 名志愿者进行核磁共振检查以及智商测试后有了这样的发现：头越大的人智商基本上就越高，一般规律是从前额到后脑，从头的一边到另一边的空间范围越大，智商也就越高。

事实上，在我国古代通过观察人的头型去识人用人的做法是非常流行的。看到这里，有的朋友会说这不是封建迷信吗？我们要强调的是通过头部的形状来识人用人绝对不是迷信，而是结合了心理学、生理学、医学、骨相学、人类学等学科，并最终经过统计学归纳成了一门有用的社会学问。下面，我们就来了解一下生活中最为常见的一些头部形状背后所蕴含的心理信息：

» 倒三角形

有着这种头型的人前额既高又宽，下巴又尖又长，脸型看上去就像是一个倒立的三角形。拥有这种头型的人以男士居多，女士则非常少。拥有该头型的男人大多非常聪明，而且有着严谨的逻辑，好学，喜欢进行认真的思考，有很强的创造力，非常有想法，并且在艺术方面有天赋，遇到突发事件时也能很好地解决，拥有很强的应变能力。

不过他们的身体素质比较差，不喜欢参加户外活动，所以经常会显得无精打采，没什么活力，常会有一些不切实际的空想，而且无法很好地控制自己的情绪，容易冲动。

» 凹额型

这类人的额头后仰，鼻梁很高，眉骨又比较突出，嘴唇向后缩，下巴很长。这类人拥有敏捷的思维，智商也很高，为人谨慎，重视人际交往，还比较有气魄。他们拥有很强的领导和组织才能，而且善于雄辩，时不时会吐出一句有意思的话，周围的人能明显地感受到他们的魅力。

不过他们在做事的时候会比较专制，而且通常比较固执，听不进别人的意见，经常会质疑一些根本就不需要怀疑的事情。

» 鸭蛋型

从整体上看，这种头型两头要略微圆一些，两腮有些突出，看上去就像是一个鸭蛋。拥有这种头型的男性在说话做事的时候会非常谨慎，而且善于思考，给人成熟稳重的感觉，还善于交际。不过，他们最大的缺点就是比较自私，而且死要面子，对挫折与压力的承受能力也比较弱。

而拥有这种头型的女性通常可爱聪明，喜欢读书，有着丰富的艺术细胞，性格温顺，对家务还很在行。缺点就是头脑比较简单，心胸较为狭窄，而且很容易冲动。

» 四方型

这种头型的人前额饱满，头上半部分是方形，下巴也是方形，棱角分明。这种头型以男性居多，女性比较少。

拥有该头型的男性善于冒险，能踏实工作，生性活泼好动、热爱自由，不喜欢被拘束，拥有充沛的精力，还喜欢运动。其缺点是，不喜欢读书，做很多事都是三分钟热度，还无法对问题进行深入的思考，缺少主见。

» 新月型

拥有这种头型的人做事非常谨慎，不会盲目信任别人，很少会冲动，通常不会做出什么莽撞事，做事也比较果断。

不过他们的缺点也是较为明显的，比如考虑问题比较慢，说话时总是犹犹豫豫。非常固执，还经常产生幻想，而这些想法通常是没有什么创造性的。

» 似圆型

该头型有着圆润的下巴与饱满的额头，并没有明显的棱角。拥有这种头型的男性和女性都是比较多的，男性大多处事圆滑，而且乐观豁达，容易接近，具有很强的亲和力。女性聪明温柔、善良可爱，是难得的贤内助。

不过，这类人最大的缺点就是贪图享乐、好吃懒做，由于不喜欢运动，所以也比较胖。拥有这种头型的人不管是男性还是女性，都比较擅长行政管理与理财、管理账目，但是如果让他们当上大领导，那就很有可能会日益腐败。

常见头部动作的心理含义

【 心理学故事 】

王启明在一家广告公司上班，他性格开朗，平时也以帮助别人为乐，所以很受同事的欢迎。这天上午他在办公室对着新接手的策划案枯坐了一个小时，可还是一点灵感也没有，无奈之下就想出去走走，呼吸一下新鲜空气。

于是，他走出办公室前先是习惯性地扫了一眼，想看看同事们都在干啥，结果看到大部分同事都在紧张地忙碌着，只有新来不久的冯娟呆呆地坐着，而且还用手来回摩擦着额头。看她这情况一定是心里有事，于是他就轻轻地走到冯娟跟前，对她说："现在不忙吧，不忙的话咱俩出去聊聊，我现在是一个字也写不出来。"

冯娟听了，说："我现在和你的情况是一样的，不但没有灵感，而且脑子里更是一团糨糊。"

王启明说："既然你也写不出来，咱们到天台聊聊，说不定就有灵感了。"于是，他们两个就一起上了天台，先是聊了聊彼此手头的策划案，也给了彼此一些建议，然后就开始聊天，结果聊着聊着居然就来了灵感，于是马上跑下去开始写。

还有一次，王启明在办公室看到同事陈慧缩着额头，坐在工位上看着几页资料，而不远处的冯娟好像有什么事要过去找陈慧，而且她并没有注意陈慧的表情。王启明知道陈慧这时候肯定是心烦意乱，没心没肺的冯娟过去找她的时候，如果哪句话说不对，那就很有可能会激怒陈慧，两个人说不定会在办公室里吵起来。

想到这里，他马上快步走上前拦着冯娟，对她说："我有点事和你说，耽误你几分钟的时间。"说完就把她拉了出去。到了外边冯娟问他什么事，他就说其实是不想让她过去找陈慧，因为陈慧那样子很明显非常烦躁："你现在要是去很有可能会被她骂，所以我才拉住你。在办公室里一定要学会察言观色，要不然就会莫名其妙得罪人，到时候你多郁闷啊。"

他说完，冯娟一脸崇拜地看着他说："我怎么觉得你什么都懂啊。"他赶忙回答说："你说得太夸张了，我只是平时留心观察而已，你要是能多观察，也能看出很多门道。"

【心理学家分析】

心理学家认为，当一个人在与他人交流的时候，如果做出了摩擦前额的动作，通常表示行为人此时内心是犹豫的，又或是感觉到了某种不适。

相关研究表明，那些胸怀坦荡的人大多有着突出的轮廓，给人清楚的视觉印象，并不会让人有犹豫不定的感觉。而这些因素与额头的外在形状（突出轮廓）是一样的，所以要想让自己的心放宽，就要尽量让前额变得宽大一些，也正因为如此，当一个人进退两难的时候总是会不自觉地摩擦前额。这样做实际上是想要扩展额头，从而宽慰内心，不让自己太过忧虑。

除了摩擦前额外，在生活中还会出现一些与额头有关的其他动作。比如当一个人皱眉的时候通常就会缩紧额头，皱眉本身就表示行为人已经心烦意乱了，再加上缩紧的额头就更能体现这层含义了。所以当我们看到一个人缩紧额头的时候，尽量不要去打扰他，否则他很有可能会将不良情绪一股脑儿发泄到我们身上。

当一个人用手支撑着前额的时候，表示他非常疲惫。那这个时候我们如果能送上一杯热茶又或是一杯咖啡，对方一定会非常感激，这样你们之间的感情也能增进不少。

下面，我们再来了解一些常见的头部动作及其心理意义。心理学家认为，当一个人在与人交流的过程中头朝侧面移开，这基本上属于一种保护性的动作，比如将脸部移开，以回避对我们的身体有威胁或是可能会对我们造成伤害的事物。

» 头部僵直

当我们与人交流时，如果发现对方头部僵直，那就说明此时对方心里觉得苦闷、无聊，而在商务谈判中这个动作则表示中立的态度。如果我们在与人交流的过程中对方突然将头部缩回，那就表示他在回避，有时候也表示对事物的不认可或是不满。

» 头部上扬

在与人交流的过程中，突然将头部上扬，然后又恢复常态，这就表示他很惊讶会遇见你，通常出现在彼此刚刚遇见，但还不是十分接近的时候。在这里，惊讶是关键性的因素，而头部上扬则代表了吃惊的反应。

» 头部前伸

心理学家认为，在与人交流的过程中，如果对方头部向前伸并且朝着自己感兴趣的方向，那就说明他的心里可能充满了爱意或是恨意。前一种情况通常出现在一对恋人伸长脖子并深情地专注凝视对方眼睛的时候；后一种情况通常出现在一对冤家或是仇家探出头部的时候，这是在表示自己并不畏惧或是藐视对方，而且还以瞪着对方眼睛的方式来表达仇恨。

» 习惯性缩头

在日常生活中，如果一个人在与人交流时习惯缩头，具体来说就是向上耸肩，同时把头低下来，缩在两肩之间，这样做其实是努力想让自己看上去更渺小一些，避免打扰其他人。这样的姿势能够保护柔弱的脖子与喉咙免受攻击。在商务谈判又或是个人交际中，如果有人摆出这样的姿势，那就意味着他在恭顺地向别人道歉。

» 扭头

如果一个人在与人交流的时候做出了扭头的动作，具体来说就是把头扭到一边，让自己的视线完全脱离又或是部分脱离原来的交流对象。这样的动作表示行为人对当前的事物或者话题是不感兴趣、不能接受又或是否定和厌烦的。

该动作是视觉阻断的一种变形，它最初源于婴儿吃母乳时的动作，婴儿出生后第一次做出扭头的动作就是在吃饱了奶水之后，如果这时候母亲继续给婴儿喂奶，那他就会把头扭向一边，以此表示拒绝。所以当我们与人聊天时如果对方做出这样的动作，我们就应该明白，对方对我们说的话不感兴趣，这时候我们就该换个话题。

Part4

手臂动作暴露你的内心

在与人谈话或是交流的过程中，有的人会下意识地用手遮住嘴，又或是当说到一些关键点的时候，有人会通过假咳嗽，借此用手遮嘴，再或是用几根手指或是紧握的拳头遮住嘴。心理学家认为，这样的动作表示说谎的人在试图阻止自己说出那些谎话。

摸鼻子代表的含义

【心理学故事】

刘承羽和初恋是青梅竹马，两个人在一起 5 年，虽说聚少离多，可她还是一心想要嫁给他。可让她没想到的是，这个相恋了 5 年的男友有一天却突然和她断绝了一切联系，于是他们就这样分手了。后来过了好久她才知道原来前男友早就爱上了别的女孩，只是一直欺骗她而已。从此以后她就特别不能容忍欺骗，一心想要找一个不会骗自己的人结婚。

在一次读书会上她认识了现在的男朋友樊涛，两个人因为兴趣相同，所以很快就成了恋人，而通过一段时间的相处后她觉得樊涛是个诚实可靠的人，就有了和他白头到老的心思。正好这时候樊涛也表示想和她在一起生活，说是这样能够加深对彼此的了解，而且也能提前进入磨合期，这样就算是有什么问题也能提前解决。她觉得男友说的话有道理，就同意了。

两个人生活在一起后虽然也会有一些小摩擦，但是每次都是樊涛首先道歉，这样一来问题自然也就解决了。就这样两个人的感情迅速升温，没多久就聊起了结婚的事情。

不过，眼看着就要结婚的两个人却因为一个谎言而分手了，事情是这样的：

最近，刘承羽一直在追一部名叫《别对我说谎》的美剧，看完之后就对里边所讲的通过表情和动作来验证他人是否说谎的内容产生了浓厚的兴趣，而且还不由自主地用从电视剧里学到的知识去观察周围的人，结果还真让她发现有些人在骗自己，不过她并不放在心上，只要樊涛不骗自己就行。

结果一天晚上樊涛给她打电话说晚上要加班，让她别等他吃饭了，可是樊涛说话的时候有些吞吞吐吐，像是没有组织好语言。这时她就觉得樊涛有可能是在骗自己，不过当时她没有问他，因为毕竟只是怀疑。

不过，她还是提前来到樊涛公司的楼下等着，想要弄清楚樊涛究竟有没有说谎。结果下班之后，她看到樊涛下楼后有一个女生来找他，而且那个女生她还认识，是樊涛的前女友，樊涛曾给她看过照片，因此她的心马上就沉了下去，心想：难道他们是旧情复燃了？

来不及多想，只见他们两个有说有笑地一起离开了见面的地方，于是刘承羽就在后边跟着他们，直到看见他们进了一家酒店。看到这种情况她也没法一直在外边守着，索性就回家了。

到了家，她心烦意乱，饭也没吃，就一直等着。晚上快8点的时候樊涛回来了，她就装作什么事都没有，拉着他的手问他："今天工作很辛苦吧？工作完成了吗？吃饭了吗？"这时候他摸着自己的鼻子说："为了你再辛苦都值得，只要能让你过上更好的生活，饭吃这了，在公司叫的外卖。"

听他还在继续撒谎，刘承羽真的忍不住了，于是直接拆穿了他的谎言，就这样两个人分手了，因为她实在忍受不了亲近的人欺骗自己。

【心理学家分析】

故事中所提到的讲话时摸鼻子的动作在现实生活中经常出现，而人们通常认为一个人如果在说话时不停地摸鼻子，那就表示其在说谎。这样的看法是经过科学研究证实的。

美国芝加哥的嗅觉与味觉治疗与研究基金会的科学家通过研究发现：当一个人说谎的时候体内就会释放出一种名为儿茶酚胺的化学物质，该物质会导致鼻腔内部的细胞肿胀。此外，科学家还通过一种可以显示体内血液流量的特殊成像仪器观察到：人在撒谎的时候鼻子会因为血液流量的上升而变大，与此同时血压也会上升。血压的上升会导致鼻子膨胀，从而让鼻腔的神经末梢传递出一种刺痒的感觉，这时候说谎的人就会不断地通过用手揉搓或是摩擦鼻子来止痒。

此外，美国的神经学者阿兰·赫希与精神病学者查尔斯·沃尔夫在对美国前总统克林顿就莱温斯基事件向陪审团所做的证词进行反复研究后发现，克林顿在讲真话的时候是很少会用手去摸鼻子的，可是只要他一说谎，他的眉毛就会在将谎言说出口之前下意识地微微一皱，而且还会不自觉地摸鼻子，事实上他每隔四分钟就会摸一次鼻子，在陈述证词期间他总共用手摸了 26 次鼻子。

需要说明的是，日常生活中人们在讲话时如果摸鼻子，那么通常都是用手在鼻子的下沿快速地摩擦几下，有的时候甚至只是轻轻触碰一下，不仔细看的话是很难察觉的。而且女人在做这个动作的时候与男人的动作幅度相比要更小一些，也许这样做是为了避免弄花脸上的妆。

所以，如果我们在与人谈话的时候，对方做出了摸鼻子或是揉搓鼻子的动作，那这个时候我们就应该认真考虑一下对方所说的话的真实度了。此外，说谎的人在回答问题的时候会回答得非常简短，而且还伴有下意识地去抚摸身体的某一个部位、摆弄手指等细微动作。

需要注意的是，如果对方听了我们所说的话之后做出了摸鼻子或是类似的动作，那就表明对方对我们所说的话表示怀疑。这个时候我们就应该想办法打消他的怀疑。

不过，也有人认为说话的时候不断地摸鼻子并不是在说谎，而是有其他含义。比如有的心理学家认为当一种比较坏的想法出现在大脑之中时，我们就会不自觉地用手遮住嘴，可是又怕自己表现得太过明显，被别人看出来，所以会顺势摸一下鼻子。因此，有一部分人认为摸鼻子只是一种掩饰大脑中坏想法的小动作。

还有心理学家认为，当情绪或是气氛太过紧张的时候，我们的鼻子就会变得干燥，这个时候我们会不自觉地用手去揉搓或是触摸鼻子。而且当一个人遇到让人不安或是担心的事情时，心里就会觉得恐惧，心跳也会加速。与此同时，人体内会分泌大量的儿茶酚胺和荷尔蒙，鼻子就会变得很痒，这时候我们就会频繁地用手去摸鼻子或是揉搓鼻子。

需要说明的是，有时候一个人做出了摸鼻子的动作，可能只是因为有鼻炎、感冒、对花粉过敏，又或是因为眼镜的压迫而觉得不舒服。

不过，因为鼻子不舒服而揉搓鼻子与因为说谎而去触摸鼻子相比，还是存在着比较明显的不同。比如因鼻子不舒服而揉搓鼻子时会相当用力，而因说谎触摸鼻子的动作则非常柔和。而且后者的动作会给人一种非常优雅的感觉，通常还会伴随着其他动作，如交叉双臂、晃动身体或是快速眨眼睛。

心理学家指出，在与人交流的时候如果能够确定对方不是因鼻子不舒服而触摸鼻子，那就可以得出其情绪激动或是紧张的结论。这个时候，我们就要想办法弄清楚其因为什么原因而产生了这种心理变化，是因为我们所提出的问题，还是其所给出的答案，又或是之前发生过的某些事情或是状况，等等。结合这些因素，再排除病症等纯粹的生理原因，或许就可以弄清楚摸鼻子的人究竟因为什么感到紧张了。

托腮的含义

【心理学故事】

今年 30 岁的孙康在 2016 年年底来到了现在所在的城市，刚来的时候因为一切都觉得新鲜，所以也并不觉得无聊。谁知道仅仅过了半年，这种新鲜感就消失了，随之而来的就是平凡而枯燥的生活，尤其让他难以忍耐的是无聊的周末。

后来有一天，他在逛书店的时候偶然发现有人在举行读书会，那本书叫《总统先生》，虽然他书根本没读过一页，而且连作者都没听说过，他还是参加了，结果从此他就爱上了这种读书会。

从那天开始，只要周末没事他就会去参加读书会，而且还跟着读书会的活动安排读了一些书。刚开始他因为和大家并不熟，而且对所读的书也没什么深刻的感触，所以就很少发言，大多数时候都是静静地听着，很少发言。

去年 11 月，读书会出公告说 12 月第一周的周日下午要在新开辟的阅开心书店举行《安娜·卡列尼娜》读书分享会，还说因为这本书比较厚，所以才多给大家一些阅读的时间。看到要读《安娜·卡列尼娜》，孙康可高兴了，因为他早就听说过这本书，也早就想看了，于是马上从网上买了这本书。

买了这本书后他真的是很用心地读，有什么不明白的地方会去查，而且自己看书的时候有什么想法和感受也都会记在书上，就这样紧赶慢赶在读书会的前一天把书给看完了。

他对这次读书会非常重视，而且也打算在读书会上多讲几句。所以到了这一天，他提前半个小时就到了书店，还帮着工作人员布置了一下会场。

结果读书会开始后，他发现今天来的人比往常多了一半，一看到这么多人他就紧张。所以在简单地对这本书的历史背景即俄国1861年改革进行介绍之后，他就不发言了，只是坐在那里听大家说。

在听的过程中，他发现有些书友的观点很新颖，对自己很有启发，就忙着在书上记录，心想这样的话就是自己不发言也没什么。不过当他听到大部分的书友都在歌颂安娜对沃伦斯基的爱情时，他却有不同的看法，不过他也没好意思说，只是在那里默默地思考。

谁知道这时候本次读书会的主讲人赵老师却说："孙康，我想你应该是有不同的看法吧，有的话就给大家说说吧。"

听赵老师这么说，孙康心里很惊讶，心想赵老师怎么会知道我有不同的看法。虽然有疑惑，但他还是站起来说出了自己的观点，大意是安娜对沃伦斯基并不是爱情，她只是厌恶现在的枯燥生活，而想要追求新鲜的、不一样的生活，正好沃伦斯基带给了她这种生活。

读书会结束后，孙康问赵老师："您当时是怎么知道我有不同的看法呢？难道您会读心术？"这时候赵老师笑着说："哪有那么玄乎，我只是看你用手托腮，想起来在一本书上看过这个动作有可能是有不同的观点，正在进行思考，所以我就多问一句。没想到你真的有不同的想法，而且你说得很好，以后要多发言。"

【心理学家分析】

故事中提到了托腮这个动作，在现实生活中这个动作经常会出现，很多人认为做出这样的动作时表示行为人正在认真地倾听并紧张地思考着，然而事实究竟是怎样的呢？

其实，这个动作是有着多重含义的，比如有的心理学家认为该动作是一种用自己的手去代替朋友或是亲人的手拥抱自己、安慰自己的行为，也就是说做出这样动作的人此时心里是比较无助、困惑或是伤心的。因此，在那些每天都嘻嘻哈哈的人身上是很少看到这样的动作的，只有在那些满腹心事、经常会觉得不安的人身上才会看到这样的动作，而他们做出这样的动作时有可能是在胡思乱想，也可能是想借托腮的举动来为自己寻找一个可靠的支点，以此来填补内心的空虚与无助。

还有人认为，如果一个人与我们讲话时出现了用手托腮的动作，那就说明他觉得我们所讲的内容很无趣，根本没办法吸引他，也有可能是他正在对某个问题进行思考，很希望我们能够认真听他讲话。

如果我们在和恋人交流的时候，恋人也出现了这样的动作，那就说明他／她已经厌倦了当下与我们的聊天，很希望我们能够张开双臂抱一抱他／她。

如果一个人在日常生活中总是习惯性托腮的话，那就说明其平时也是得过且过、漫不经心，总是会觉得无聊、空虚或是寂寞，对现实生活感到不安，期待着新鲜事物的出现，期望自己能够在某个地方找到幸福。然而幸福究竟是什么，他们可能也不知道，而且他们总是抓不住幸福。如果真的幸运地得到了幸福，他们就会高兴得手舞足蹈。

拥有这种个性的人在谈恋爱的时候会强烈地渴望被爱，想要获得更多的爱，可是他们总是很难满足。从另一个角度来看，由于这类人老是觉得生活没有意思，所以就习惯沉浸在自己所编织的梦中，从而严重偏离了现实，大脑中全都是一些浪漫但不切实际的幻想。不过与他们交流的时候，我们总是会遇到一些意想不到的有趣话题。

虽然他们就像孩子一样随时需要呵护，但是对他们太过关心也不是什么好事，因此拿捏好尺度，适度地满足其需求才是最佳选择。

而经常做出这种动作的人除了应该想一下是不是因为自己内心空虚才做出这样的动作，此外还要尽量让自己的生活变得充实起来，以缓解心中的不安。要试着通过心态的调整对这种状态进行改善。

看到这里，有的朋友会说，同一个动作却有这么多的含义，那究竟该怎样去判断动作背后的真实含义呢？其实很简单，关键就在于"托"的力度上。心理学家指出，当一个人在认真倾听对方讲话时，虽然也会用手"托"腮，但是这个力度是很轻的，伴随着"托"的动作，他的手指和脸部通常是非常贴近的。相反，如果一个人把整个头部的重量都放在用来"托"住它的手掌上的时候，那就表明他对眼前所发生的事情或是正在进行的谈话一点兴趣也没有，而这时候除了"托"的力度比较大之外，当事人的眼神也会显得比较呆滞。

而一个人对当前正在进行的谈话产生了不同意见，内心正在进行思考时所做出的动作是这样的：单手托腮的时候，会出现大拇指抵在下面，而食指竖起来紧紧挨着脸部。这样的动作或是姿势维持的时间越长，内心的批判态度也会持续得越久。

摸下巴代表的含义

【心理学故事】

王茂是北京一家婚礼策划公司的策划总监，他大学毕业后就进入这家公司工作，一步一步走到了今天这个位置，在业内拥有不小的名气，所以很多新人都想找他给自己策划婚礼。可是他一个人就算再有能力也干不了那么多活，所以慢慢地，他就只接一些大策划，其余的都交给下属去做。

这天公司来了一位客户，这位客户别的人都不找，只是点名要求王茂给自己做婚礼策划，还说自己不怕花钱，只想给新娘一个浪漫的、难忘的婚礼。王茂一听来了这么一个大客户，当然不能放过这个赚钱的机会，就亲自接手了这个策划。

结果一了解才发现，这个客户是某上市公司的老板，这次是要和初恋结婚。此前因为种种原因让初恋等了自己将近20年，所以这次要竭尽所能给她一场终生难以忘怀的婚礼。

了解到这个情况后，王茂觉得既然人家不差钱，又要求策划一场难忘的婚礼，那就怎么豪华怎么来。于是他做了一些研究后就制定了一份豪华梦幻的婚礼策划方案，然后把这个方案拿给客户看。

客户看了之后说觉得不错，只不过要征求新娘的意见，所以就让王茂单独与新娘谈。可谁知道新娘听完王茂对婚礼的描述后却做出了抚摸下巴、紧皱眉头且双臂交叉抱于胸前的动作，王茂看到这个动作后马上明白对方对自己的策划并不满意，于是就说："看得出来您对我的策划有不满意的地方，我很想听听您的真实想法。这样我也好进行针对性的修改，毕竟这是属于您的婚礼。"

新娘听了之后不好意思地笑了笑，然后说："我是觉得这样的婚礼实在太豪华了，有点浪费，而且觉得真正浪漫难忘的婚礼也不一定非得是豪华的婚礼啊！我们两个能走到今天，难道还会在意那些外在的形式吗？"

说完她又简单谈了一些自己对婚礼的想法，还和王茂讲了自己和新郎的爱情故事。随后，王茂根据她所说的重新制定了婚礼方案，结果新娘很满意。

【心理学家分析】

故事中出现了抚摸下巴的动作，我们在日常生活中会经常见到有人做出这样的动作。心理学家认为：通常情况下做出该动作时行为人正在进行认真的思考，并且将要对某个问题或是某件事做出判断或是决定。

不过，这个动作还可以分化为很多细小的动作，而这些细小的动作又有着各不相同的含义。

如果我们在针对一个问题发表看法时，对方身体微微前倾，而且单手或是双手托着下巴，眼神专注地看着我们，那就说明我们所讲的内容已经深深吸引了他，他正在认真听我们讲话。其实那些经常上台发言的人如果仔细观察的话就会发现，认真倾听的观众都有用手轻轻托住下巴的动作。

当我们发现听众开始轻轻地抓摸下巴或是轻轻摩擦下巴时，就说明这个时候他们的大部分精力并没有放在倾听和思考上面，而更多的是在思考我们的观点是否正确，又或是自己是否能够接受我们的观点，随后就会根据自己的判断而得出否定或是肯定的结论。

当我们发现听众开始抓摸下巴的时候，就要特别注意其接下来的细微动作变化，因为这些细微的动作将会告诉我们，听众是否定还是肯定我们的观点。所以这时候我们必须保持冷静，还要认真地观察，这样才能准确地对对方的立场或是观点做出判断。

如果对方在倾听我们讲话的过程中出现了紧锁眉头的动作，而且还将双手放下，背靠在椅子上，就说明其对我们的观点或是看法可能是不太认可的。如果接下来对方在倾听我们讲话的过程中做出交叉双臂抱于胸前的动作，那么基本上就可以确定对方对我们的观点是完全不同意的。这个时候我们就要给其发表不同意见的机会，比如我们可以对他说："你对我说的如果有不认同的地方，完全可以提出来，咱们一起讨论一下。"这样就能及时解决问题，将反对者拉到自己这边来。

如果对方在抓摸下巴之后接着舒展双臂，歪着头思考，并且轻微点头、身体前倾的话，就说明他对我们所讲的内容非常感兴趣，而且还倾向于肯定我们的观点。这个时候，我们就应更加自信地对自己的观点进行深入的阐述，并且还要多与听众进行延伸交流，这样对方会更加倾向于我们。

如果对方将抓摸下巴的手的一根手指，通常是拇指或是食指放在了嘴唇之间，又或是将笔的一端放在了嘴唇之间，那就表示对方还在迟疑，还需要一段时间才能做出比较确定的判断。这个时候我们应该尽量多给对方一些积极的暗示，这样才能加快对方做出肯定判断的速度，而眼神交流、对关键细节的进一步解释等行为都可以让对方减少犹豫，加快做决定的速度。

当我们发现对方的手已经没有明显的摩擦动作，眼神已经开始变得涣散，而此时的手好像只是用来支撑头部的工具时，就说明他对我们所讲的话已经完全失去了兴趣。这时候如果我们无法在自己所讲的话题中加入让其兴奋的内容，那么就完全没有办法打消他的厌倦情绪了。

当一个人心里面非常得意的时候，也会摸下巴，而且通常会伴有下巴随着面部抬高的动作，有时候甚至会摇头晃脑或是面带笑容。

当一个人陷入孤独、恐慌的情绪中时，也会用抚摸下巴的方式去缓解心中的焦虑与不安。值得一提的是，人在撒谎的时候很容易不自觉地抚摸下巴，美国前总统尼克松曾被卷入"水门事件"，当时他在接受记者采访时多次做出了抚摸下巴的动作。事后，心理分析师认为这并不是尼克松的习惯动作，而是掩饰谎言的下意识行为。所以尽管他一直强调自己与"水门事件"没有关系，还是难以得到公众的信任。

如果在谈话的过程中我们与对方话不投机又或是被戳中了痛处，心里觉得尴尬时，也会出现抚摸下巴的动作。

抓挠耳朵的含义

【心理学故事】

孙涛是个文科生，上大学的时候对所谓的计算机热潮一点都不感冒，所以毕业之后他对于计算机的了解也只限于会打字、能开关机、会登录 QQ 聊天，仅此而已。不过他没想到的是，日常的工作变得越来越依赖计算机，这样一来他的工作就受到了很大的影响。可是内向的他又不想麻烦别人，所以他经常很焦虑。

一天上班的时候，领导安排他整理当前市面上公司产品的同类竞品的资料，安排好之后领导有事就先走了。然后他就开始忙着找资料做了起来，直到下午四点钟才做好。还没来得及喝口水，领导的电话就来了。领导说自己有事回不去了，第二天要直接出差，让他把整理好的材料做成 Excel 表发到自己邮箱里，还说晚上会看。虽然他根本就不懂怎么弄 Excel 表，但还是满口答应了。

答应起来容易做起来难，他先是在网上搜怎么做 Excel 表，可是看了好些网页也没弄明白该怎么做，一看时间快下班了，领导交代的事却一点进展都没有，心里真的很焦虑，于是就不自觉地开始抓挠耳朵。就在这时候，坐在他隔壁的同事刘京广问他："你是不是有什么急事啊？或者有什么事解决不了，看把你急的，看看我能帮你吗？"

听同事这么说，他还真是有些不好意思，就把领导安排的事说了。刘京广听了说："就这点事啊，你自己不会可以找别人帮忙啊，再说找人教教你不就会了吗？"

说完他就开始手把手地教孙涛怎么做 Excel 表，最终他不仅顺利完成了领导交代的工作，还学会了使用 Excel 表。事后他问刘京广是怎么知道他心里很着急的？刘京广说："我最近在看微表情方面的书，上面说一个人在抓挠耳朵时其实心里很焦虑，而且我看你当时头上都冒汗了，所以就想你是不是有什么事解决不了，才想问问你。"

【心理学家分析】

故事中出现了抓挠耳朵的动作，这个动作经常出现在成年人身上，不过该动作其实也包含了多种变化或是更为细微的动作，而每种变化背后又有着不同的含义。下面，我们就来简单了解一下：

如果在与人谈话时发现对方在不停地抓挠耳垂、耳背又或是整个耳朵，就表示这个时候他的内心非常焦虑不安。

英国的查尔斯王子在进入满是宾客的房间又或是穿过熙熙攘攘的人群时，通常都会做出抓挠耳朵的动作，这些动作反映出其内心的不安与紧张。而且人们从来没有看到过他在相对安全私密的车内做出过这样的动作。

所以，当我们看到对方出现不停地抓挠耳朵又或是抓挠耳垂、耳背的动作时，就应该主动询问、帮助对方，使其顺利战胜目前的困难。这样一来，我们与对方的距离就会拉近，交流起来也会事半功倍。

如果你是个业务员，在滔滔不绝地向客户介绍自己的产品时发现对方用手指摩擦耳郭，那就要马上停止自己的介绍。这时候要做的是给对方发表意见的机会，因为对方已经表达出了不想听的意思，他用手指摩擦耳郭，就是想阻止这些话进入自己的耳朵。他对你所说的观点持反对意见，而且正在酝酿着自己的观点。

如果我们在和他人交谈的过程中发现对方将整个耳郭向前折并且盖住了耳洞，那这个时候我们就应该马上停止谈话，因为对方做出这样的动作其实是在告诉我们，"我真的不想听你再说了，我已经听得够多了"。这样的动作是所有抓挠耳朵动作中最为直接的传达不耐烦信息的动作，所以当我们看到与自己交谈的人做出这个动作时，一定要及时转移话题或是干脆停止交谈，否则就会给人留下啰唆的印象。

在生活中，如果我们正热情地和一个人说一件事，而对方却将指尖伸进耳道去掏耳朵，当我们看到这个动作时一定会非常不高兴，而且此时我们也没有再讲下去的必要了。因为这个动作表示对方对我们是不尊敬的，而且对我们所说的事根本就不屑一顾。所以这个时候我们可以礼貌地问对方："你在听吗？有什么看法吗？"

如果我们的对面坐的是长辈或是领导，那我们就要换一个话题又或是给其提供一个发表意见的机会，因为就算我们坚持说下去，也是没有任何意义的。这个时候对方的注意力已经完全不在我们的身上，再说下去也只是浪费口水而已。

看了前边的内容，有的朋友会说当自己觉得耳朵痒的时候，也会用手抓挠耳朵又或是用指尖掏耳朵，这完全是正常的生理需要，不挠的话会很难受，这样做并不是不想听对方说话或是不耐烦的意思。虽然如此，但是与我们交流的人却不知道我们是真的耳朵痒，对方会觉得我们是不耐烦或是不想听自己讲话。所以，在与他人交流时尽量不要抓挠耳朵，因为这样做会带给对方一些负面的印象。

如果真的是非要抓挠不可的话，也一定要注意技巧，比如要趁着对方不注意的时候快速地抓挠一下耳朵发痒的地方，或者是在捋头发或变换坐姿的时候顺便抓挠一下耳朵，而不要让自己的手一直在耳朵周围转来转去，这样难免会让人多想。

需要指出的是，在意大利，抓挠耳朵的动作通常被人看作是女人生气的表现，甚至还会被当作是同性恋的象征。

此外，心理学家还认为抓挠耳朵同样也是说谎的表现，为什么这么说呢？

美国心理学家保罗·艾克曼在为精神病学者们作演讲的时候，有人问了这样一个问题："如果有一位曾经想要自杀的精神病患者告诉你，他已经好多了，周末想要在外边度过，你该怎么办呢？很明显，从医学角度来说，精神病患者是没有可能那么快康复的，但是患者又总是信誓旦旦地说自己完全好了，而且他看上去很诚实，不像是在说谎。面对这样的情况，应该如何判断他究竟是不是在说谎？"

当时保罗·艾克曼并没有做出回答，因为他没有有效的方法甄别精神病患者的谎言，不过随后他就针对这个问题展开了研究。他先是录制了自己与一家精神病医院的患者在一起交流的视频，然后反复地观看。一开始他并没有发现有人说谎，但是后来有一个患者告诉他自己说谎了。于是他又仔细观看自己与这位患者交流的视频，并且放慢视频的播放速度一遍一遍地看，最后他发现有那么一个瞬间，这个患者突然用手抓挠了一下自己的耳朵，而他抓耳朵时所说的话正是那句谎话。

此后，保罗·艾克曼又进行了多年的研究，在总结了无数经验的基础上，他最终证实：人在说谎的时候会不自觉地用手去抓挠耳朵。

双臂交叉是在自我防御

李珊是一个谈判专家，原本在某大型商业谈判机构上班，后来因为在工作过程中和客户产生了感情，触犯了公司"工作人员不得和客户谈恋爱"的禁条而主动离职。离职之后的她很快就和客户结婚，从而做起了富太太，不过没过多久她就厌倦了富太太的生活，想要出去工作。可是老公齐海却不愿意她再抛头露面，这让她很苦闷。

前段时间，齐海想要收购一家前景看好的科技公司，于是就投入了大量的时间和精力，尤其是当他从朋友那里得知这家公司财务上出现问题，现有的资金只够维持三个月后，更是下定决心一定要把这家公司收入囊中。

经过几轮的谈判后，齐海以 2 亿元的出价成功地挤掉了其他竞争对手，终于可以单独地面对面与对方谈收购的事情，可就在这个时候对方却突然提出了"收购价最低不能低于 8 亿元"的条件，而且一点让步的余地都没有。这样的条件和态度让他既恼火又摸不着头脑，如果放弃收购又不甘心，可是对方 8 亿元的报价自己实在不能接受。

进退两难之际他想起老婆是谈判专家，可能她会有好的建议，于是这天晚上吃饭的时候他就把这件事告诉了李珊，想听听她的看法。李珊听了之后并没有直接给出意见，只是说自己需要到谈判现场对谈判对手进行观察后才能得出最终的结论。齐海听了之后也觉得有道理，就决定第二天谈判的时候带她一起去。

第二天的谈判李珊也列席了会议，不过对方好像并不重视她，还是将齐海作为主要的谈判对手，而她也只是坐在一边静静地听。

谈判刚开始一会儿，双方争论的焦点就集中在了价格上，齐海对对方的孙总说："我个人非常看好贵公司的前景，但是8亿元的报价实在是有点超出想象。"孙总说："齐总应该知道，在现在这个时候什么事情都有可能发生，而且真的不止您一家公司想要收购我们，我们是因为看到了您巨大的诚意才愿意和您坐下来谈的。而且8亿元的报价真的不算高，说不定再过一段时间就有人愿意出10亿、20亿，所以还是请齐总好好考虑一下这件事，我们是衷心地希望齐总能够抓住这次机会。"

听对方这么说，齐海觉得对方是肯定不会降价了，于是就使出了撒手锏，他说："我当然相信孙总所说的，不过我听说贵公司的资金链出了问题，最多只能再坚持三个月，难道孙总就不怕在新的买家出现之前贵公司就出现什么问题吗？"

这时候，孙总做了双手交叉抱于胸前的动作，并且还斜着头对坐在身边的同事说："这年头真的什么谣言都有，也不知道齐总是从哪里听到的信息，我可以负责任地告诉您，您所说的消息是假的，我们公司的资金很充裕，一点问题都没有。"

话说到这个份上，齐海都不知道怎么往下说了，就在他想是否应该向对方妥协的时候，手机响了，拿起来一看发现是李珊给他发的微信，告诉他先暂时停止谈判，自己有话要和他说。

于是，他就对孙总说："大家谈了这么久肯定都累了，我给大家准备了点心，大家随便吃一点，顺便休息一下。"孙总听了之后笑着说："既然齐总这么客气，我们却之不恭，只能欣然接受了。"

于是，大家都离开会议室到外边休息，齐海也带着李珊来到自己的办公室，问她有什么要告诉自己的。李珊说让他大胆地压价，因为她看出孙总在说谎。齐海很惊讶，就问怎么看出来孙总在说谎？

李珊回答说："当你说出他们公司的资金最多只够维持三个月的时候，他的双臂交叉抱于胸前，这说明此时他的心里很紧张，处于自我防御的状态，而且当时他还不敢看着你的眼睛说话，眼神飘忽不定，这更是说谎的表现。所以我敢肯定他们公司资金出了问题，他们提出 8 亿的价格是在诈你。"

齐海听了之后，虽然有些将信将疑，但最终还是决定相信老婆的专业判断赌一把，于是在随后的谈判中将自己的出价由 2 亿元降为 1 亿元，果然孙总觉得齐海已经看穿了自己的底牌，无奈之下只好接受了这个出价。就这样，李珊运用自己所掌握的知识成功为老公省了 1 亿元，之后齐海也决定让李珊到自己公司上班，专门负责商务谈判业务。

【心理学家分析】

故事中提到了双臂交叉这个动作，在现实生活中这个动作是很常见的，比如在谈话的过程中，有的人会突然将双臂交叉抱于胸前。心理学家分析，这个动作其实说明此时对方的心理状况是紧张或是消极的（如心情不好、不想与人交流），而且还有着很强的防御心理。而他之所以想要防御，是因为身边的人或是眼前的人让他觉得不安全，因此他才想要保护自己。这样的动作其实是不安全感的本能流露。除此之外，做出这样动作的人还很有可能是想对自己的焦虑、不满情绪进行掩饰。

与此同时，这个动作通常还表示"你并不值得信赖""我根本不相信你"的意思，这都意味着对交流对象的排斥心理。

不过心理学家认为，我们并不需要敌视做出这个动作的人，他们只是有着比较强的警惕心而已，而且他们并不习惯与别人分享内心的秘密，也不愿意别人欺骗自己；他们喜欢独处，习惯与他人保持一定的距离，经常会选择一个安静的地方自己一个人待着。

需要说明的是，女性做这个动作时会比较含蓄，但也是清楚地表示拒绝。所以，如果一个女性对向其表示爱意的男性做出了这个动作，那么这个男性如果识趣的话，就可以知难而退了。这样的话彼此还能做朋友，如果继续死缠烂打，那就很有可能会被无情地拒绝，甚至还可能会发生激烈的争吵。这样一来，连朋友都做不成了。

此外，如果在约会的时候女孩做出了交叉双臂的动作，那就表示她对对方的观点是不认同的。就算是她口头上赞同对方的观点，她所做出的这个动作也已经清楚地表明她对对方的话并不赞成。

如果在日常交流中看到有人对我们做出了这样的动作，首先请多关心他们，千万不要攻击他们，不要与之针锋相对，要让他们感受到我们的善意。这样他们自然就会对我们放下戒备。在对其保持友善的大前提下，我们再来介绍几种使其心情变得轻松、放开交叉的双臂的技巧。

1.在交谈的过程中，我们可以让对方看一些需要变化坐姿才可以看到的物体或是资料，比如放在桌子上的一些小物品，又或是一些影音、图像资料。这样做一方面可以使其变换坐姿，另一方面也可以引起对方的兴趣。

2.可以找一件物品让对方握着，比如笔、报纸、书本，等等。这样他就不得不松开交叉的双臂。

3.给对方准备一把有扶手的椅子，这样他就可以把手放在扶手上。

4.给他找一件事做，比如请他喝茶、填写调查问卷等。

与交叉双臂相关的动作还有交叉双臂、紧握拳头，双臂交叉抱胸、双手放在腋下露出拇指，双臂交叉抱于胸前、一只脚在前、身体后倾等动作。下面，我们就来了解一下这些动作背后的心理含义。

心理学家认为，"双臂交叉、紧握拳头"这个动作所表示的是内心非常不安和焦虑。通常有些人在做了一些亏心事，觉得心虚的时候，就会做出这样的动作。

"双臂交叉抱胸、双手放在腋下、露出拇指"的动作表面上看非常像天冷的时候，人们为了让双手暖和一点而做出的动作。其实，它包含着多层意义。双臂交叉抱于胸前是在戒备或是防御，而露在外边的拇指表示其比较有优越感。这样的人在保持着这个动作与人交流的时候，通常会不停地转动两个拇指，这表明他对自己所讲的话是非常有信心的，他相信自己所讲的话可以打动周围的人。

喜欢做出这个动作的人通常是非常严谨的，做事的时候总是会考虑很多，有了十足的把握后才会去做。此外，他们还非常善于思考，而且能勇敢地创新，所以经常会提出一些新奇但实用的想法。

"双臂交叉抱于胸前、一只脚在前、身体后倾的动作"则表示做出这个动作的人已经将一切都掌握在自己手中，而且有高度自信。

双手放在背后的含义

【心理学故事】

付东亮大专毕业后，很长时间都没有找到合适的工作，当时他在外边租房子住，每个月都要问爸妈要钱。所以过了一段时间后，他实在承受不了这样的压力，就找了一份电话销售的工作。

这个工作就是每天给陌生客户打电话推销产品，卖得越多提成越高，而且公司每个月都会给每个人制定一个目标，完成了这个目标才有工资拿，完不成这个目标不但没有工资，还会在例会上被点名批评，如果长时间无法完成目标，就会被辞退。

这一切都让付东亮压力很大，因为他并不擅长与陌生人沟通，而且他是那种慢热的性格，有时候给客户打电话连个开场白都说不好。所以每个月的业绩都不怎么样，有时候还会完不成目标。

这个月他又没有完成目标，所以非常紧张，这已经是他连续第二次没有完成目标了，所以他生怕经理找他谈话，怕被辞退。

可事情就是这样，你越是怕什么就越是来什么，这天下班后经理问他："你现在着急回家吗？"听经理这么说，他马上紧张地回答说："不着急。"经理听了就说："不着急的话，来我办公室，咱们聊聊。"

他一听就更紧张了，但还是跟着经理去了。到了办公室，经理让他把门关上，然后让他坐下，还给他倒了一杯水，不过他也没心情喝水。这时候经理问他："你这个月的目标又没有完成，我想知道是什么原因？"

听经理这么说，他的汗马上就下来了，然后回答说："我嘴比较笨，不太擅长和人沟通，根本不知道该怎么和客户聊。"就说这么一句，他就紧张得说不下去了。

这时候经理才发现他头上冒汗，而且两只手都放在背后，走过去一看，发现他一只手紧紧地抓着另一只手的手腕。这时候，经理才知道他太紧张了，于是就笑着对他说："你也别太紧张了，我今天叫你过来主要就是想看看你在工作上是不是遇到了什么问题，看看能不能帮你解决。我看你平时工作挺勤快的，所以业绩不好应该只是没掌握好方法。你也别着急，平时没事的时候多练习一下，相信你一定可以做好。"说完，经理还给他讲了很多与客户沟通的技巧以及与客户沟通过程中需要注意的一些问题。

这时候，他才弄明白经理找他来不是要辞退他，而是真诚地要为他解决问题的，于是心里非常感激经理。此后，他更加努力地工作，而且还积极运用经理教给自己的沟通技巧，因此工作业绩也变得越来越好，再也不用担心会被辞退了。

【心理学家分析】

心理学家认为双手背后，昂首挺胸，下巴微微扬起，通常是政治家所惯用的动作。这样的动作表明其非常崇尚权威，而且还充满了自信。在日常生活中，我们会看到企业的领导或是退休的老干部经常出现这样的动作。此外，双手放在背后还会给人一种镇定自若的感觉。

做出这个动作的人通常会下意识地将脆弱、容易遭受攻击的心脏、胃部、髋部以及咽喉暴露在外边，从而显示自己的胆量和勇气。

一个人将双手放到背后隐藏起来，别人也就不容易通过他的手来察觉其内心的活动，因此就会给人一种神秘感。而且对我们来说，隐藏的、看不见的东西要比看得见的东西具有更为强大的力量。

如果双手放在背后，但是一只手抓住了另一只手的手腕，又或是另一只胳膊，那就表示这个人心理上非常紧张，想要通过这样的动作对自己的紧张情绪进行控制。这种动作确实能够起到一定的镇定作用，可以赋予人某种力量，并且让人产生信心。而一个害羞的少女在陌生人面前的时候也会不自觉地做出这样的动作。在这样的控制性姿势里，手握的位置越高，情绪紧张的程度、心中的挫败感或是愤怒情绪也就越强。

有的心理学家认为，一个人在高兴的时候是绝对不会出现将手放在背后的姿势的，所以当一个人将双手放在身后的时候，我们就应清楚这样的人可能不太容易喜欢上一个人，他对周围的一切事物或是人都采取一种防御或是抵制的姿态。因为他的手放在背后，我们弄不清他手里拿着的是鲜花还是刀子，正因为如此，他可以有效地释放警惕的信号来保护自己。这种动作所表达的意思是"你们不要靠近我，我不喜欢有人靠近我"。

说谎时的手部动作

【心理学故事】

孙越平时做事很谨慎，轻易不会说得罪人的话，也不会做得罪人的事，所以他和身边的朋友都相处得不错，大家有什么事也都愿意和他说。不过昨天他却在无意之中做了一件得罪人的事，现在他还为这事后悔呢。

事情是这样的：昨天他在书店看书的时候遇到了朋友唐敏，以前他们两个曾在一起工作过，而唐敏的男友吴刚又是孙越的同学，所以他们两个还是挺熟的。所以他一看见唐敏就很热情地和她打招呼，这时候唐敏就说："好久不见了啊，最近忙什么呢？"

听她这么问，孙越就说："哪有好久不见，前天我还看见你和吴刚在电影院呢，就是电影散场的时候。当时人太多了，我叫了你两声你都没听见。"

唐敏一听有点蒙了，前天自己明明没和男友在一起啊，于是马上就问："你确定你看到了我和吴刚在电影院？"

孙越听了就说："我没有看到你的正脸，只看到你的背影，不过吴刚我是确实看清楚了，我还能认错他吗？"

这下子唐敏彻底确定男友背着自己劈腿了，于是就黑着脸问："那当时我穿着什么衣服？"

直到这时候，孙越才意识到自己说错话了，于是马上下意识地用手遮住嘴，然后支支吾吾地说道："牛仔裤、白衬衫，好像还穿着风衣，其实我也没看太清。"

只不过这时候唐敏已经没心思听他说什么了，因为一看就知道他在说谎。于是唐敏马上拿出手机给吴刚打电话，没说两句就吵了起来。

【心理学家分析】

在前面的章节中，我们介绍了一些说谎时的手部动作，比如摸鼻子、触摸耳朵等。这里，为大家概括总结一下一个人在说谎时会做出的一些手部动作和其他微动作。

心理学家认为，在与人交流的过程中，如果一个人时不时地用手摩擦眼睛或是用手揉眼睛，那就说明这个人主观上想要遮住眼睛所看到的、让自己怀疑的东西，又或是在说谎的时候做这样的动作可以避免正视对方的脸，是人们在"心口不一"的状态下一种下意识的动作。因此，当我们在日常生活中看到谁在说话的时候有揉擦眼睛的小动作，那就要在心里对他所说的话的真实度打一个问号。

此外，当我们看到对方在提到一些重要的事情时目光总是游离不定，而且还避免与我们对视，我们也能明显地感觉到他在往别的地方看，又或是仰头看着天花板、低头看着地板。那么，这时候就可以判定他存在说谎的可能。

需要说明的是，男人在揉擦眼睛时通常是比较用力的，如果所说的谎言很大，那大多数情况下都是在眼睛的下方用力揉擦，这样做是为了避开对方的注视。有时候他们也会下意识地将目光从对方的脸上移开，向别的地方看，而女人则通常会看着天花板。

如果我们在说话的时候，听我们说话的人脸上带着虚假的笑容，目光游离不定，则说明他对我们所聊的内容已经产生了怀疑，又或是有抵触情绪存在。这个时候，一个好的沟通者就会从他的这些动作或是表情中捕捉到负面的信息，从而及时地对自己语气、语调又或是谈话内容进行调整。

在与人谈话或是交流的过程中，有的人会下意识地用手遮住嘴，又或是当说到一些关键点的时候，有人会通过假咳嗽，借此用手遮嘴，再或是用几根手指或是紧握的拳头遮住嘴。心理学家认为：这样的动作表示说谎的人在试图阻止自己说出那些谎话。

所以，当我们面对做出这样动作的人的时候，就要对其谈话内容的真实性多加留意。相反，如果是在我们说话的时候对方做出了用手遮嘴的动作，那我们最好是暂时先停下来问一下他是不是有不同的意见，如果我们是面对听众在发表演讲，而听众中有不少人都做出了交叉双臂，又或是用手遮嘴的动作，那就说明他们认为我们所说的不符合实际情况或者干脆认为我们在说谎。那这个时候我们就要考虑一下将讲话的内容或是角度调整一下，尽可能地改变这种情况。

心理学家认为，人在说谎的时候会引起敏感的面部与颈部组织的刺痛感，这个时候就必须用手去揉或是抓，那种刺痛感才会有所缓解。所以如果我们看到一个人在讲话的时候用手抓或是搔脖子，那就代表他在说谎。

一个人在说话的时候如果单肩耸动，就说明他对自己所说的话是非常不自信的，身体的真实反应和所说的语言是不一致的。所以当一个人做出这样的动作时，就表明他在说谎。

心理学家认为，与人交谈时下意识地拉衣领，也是说谎的表现。如果不能确定对方是否在说谎，就可以在其做出这样的动作后问他："请你把刚才的话再讲一遍好吗？之前我没有听清。"或者说："是否能请你讲得再清楚一些？"

如果对方是在说谎，那么在接下来的重复讲述中就会出现前言不搭后语又或是支支吾吾的现象，进而再对其神态进行观察，就可以判断出其究竟是不是在说谎。

不过，英国某科学家的一份研究报告指出，人在说谎的时候更加倾向于静止不动，而不是紧张地乱动。心理学家萨曼莎·曼认为，人在说谎的时候必须比平时更加努力地思考，而当我们陷入思考之中的时候往往会倾向于减少身体的动作，这样才能保持精神的集中。

此外，研究人员还发现，某些特定的手势也能够反映出一个人究竟是否在说谎，比如伸长胳膊又或是使用有节奏性的手势对自己所说的话进行强调。而且，心理学家在对 130 名志愿者进行测试后还发现了几种类型的手势在说谎情况下的变化规律：

» **标志型手势**

给出一些直接的信息，比如竖起拇指表示"好"，伸出手掌向下按表示"冷静"，都是一个人在说谎的时候比较容易出现的。

» **比喻型手势**

例如双手比画出心型来表示爱意，又或是分开双手来表示尺寸。在人们说谎的时候，这类手势出现的概率会上升 25%。

握手背后的潜台词

【 心理学故事 】

　　王梦南是某知名广告公司的总经理，她是从一个业务员一步一个脚印走到今天的位置的，认识她的人都知道她是个敏感、热情、诚恳、有才华、有激情的人，很多人都为她的魅力所折服。

　　当她还是个默默无闻的业务员的时候，曾经非常崇拜行业内的一个金牌销售员，那个时候为了能和这个金牌销售员见面聊一聊，她牺牲掉所有的假期，整整加班一个月，总算拿到了部门业绩第一，也因此获得了与金牌销售员说几句话的机会。可是当她真的与金牌销售员见了面，她却失望极了，而且还被深深地刺激了，原因是当她满怀热情与金牌销售员握手时，对方只是轻轻地碰了一下她的手，另外一只手居然还插在口袋里，而且都没有用正眼瞧过她。

　　这极大地伤害了一个敏感女孩的自尊心，从那以后她就下决心一定要超过那个金牌销售员，而且她还发誓以后不管与什么人握手，自己都一定会集中全部精力，并且要让对方感受到自己的热情。

　　从那以后不管她有多累，还是多不在状态，每当与人握手的时候，她都会全神贯注而且充满热情，结果她的真诚与热情感动了那些与她握手的人，很多人都愿意与她合作。于是她的路开始越走越宽，业绩也越来越好。

【心理学家分析】

握手是生活中非常常见的礼仪性动作，我们在和陌生人、熟人见面的时候都会握手。握手的动作虽然简单，但是却可以通过握手了解一个人的个性或是心理。

美国阿尔巴大学对一百多名大学生的握手方式进行研究后得出了这样的结论：一个人的握手方式是相对不变的，这与他的性格有关。通常那些握手有力的人要比那些握手的时候轻描淡写的人要更加开放、自如。一般来说，男人要比女人握手更有力，而那些拥有高智商、性格洒脱外向的女性握手时也是有力的，她们给人留下的印象要比那些轻轻一握的女人更深刻一些。

心理学家认为，与人握手的时候如果掌心向下行握手礼，那就说明对方有着很强的垄断欲和支配欲。这样的握手方式表明对方觉得自己这时候处于高人一等的地位，而且几乎没有给对方留下建立平等关系的机会。

当我们面对以这样的方式握手的人时，可以按照下面的方法去做，以此化解对方的进攻，与其建立平等的关系。

首先，当对方先一步发出握手的邀请后，我们可以在伸手回应的同时向前迈出左脚，然后马上让右脚跟进，这样我们的身体重心就会前移。而因为重心改变了，我们的左脚就能继续向前移动，这个时候我们也就成功进入了对方的私人空间内。这样我们不但可以躲开对方笔直的手臂，提前占据握手时的有利位置，而且还可以通过握手取得交际的控制权。

如果握手的时候对方掌心向上，那就表示对方是比较谦和、容易接触的，这样的人通常比较容易改变自己的看法，也容易受到他人的支配。

心理学家认为，握手的时候非常用力，让对方疼痛难忍的人通常有着强大的自信心，而且精力充沛，为人比较独裁专断，但是拥有较强的领导和组织能力。

有的人把握手当作是例行公事，这样的人没有太多诚意，而且做事草率，是不值得信任的。有的人与人见面时总是会主动握手，表示其内心充满了自卑和不安，总是诚惶诚恐。

在别人主动伸出手要握手的时候，才犹犹豫豫地伸出手的人或是缺少判断力，或是出于某种目的，故意慢待对方。

心理学家认为，握手的时候紧握对方的手，不断地上下摇动的人个性乐观，对人生充满了希望。他们的积极热请会让他们经常成为焦点人物，受人尊敬和爱戴。

握手的时候只是用手指抓握对方，掌心并不与对方接触的人个性敏感、平和，容易情绪激动，但是很善良，又富有同情心。

长时间握住对方的手不放开的人情感丰富，喜欢交朋友，一旦建立了友谊，就会始终不渝。

有的人与人握手的时候只是触摸对方的手，给人一种不在意、漫不经心的感觉，这样的人通常性情温和，宽容豁达，给人一种洒脱的感觉，并且能随遇而安。与他们在一起相处时，可以将自己的意见或是建议大胆地提出来，不必担心他们会偏执的反对。

有的人在与人握手时只是捏住对方的几根手指又或是指尖，女性在与男性握手时为了表示自己的稳重与矜持，通常会采用这种握手方式。但如果是同性之间采用这种握手方式，那就不免显得有几分生疏和冷淡，如果是一个显贵人物这样与人握手，则表示其在刻意地显示自己的尊贵。

当有人用双手与人握手时，其实只是想要表达自己的诚恳、真挚和热情，而且这样的人爱憎分明，对朋友能推心置腹，而且喜怒都在脸上，不会掩饰。

心理学家认为，握手的时候力量适度，动作稳重，两眼注视对方的人性格坦率坚毅，有责任感而且非常可靠。他们拥有缜密的思维，善于推理，经常能为人提供一些具有建设性的意见，每当遇到困难的时候总是能快速地找出可行的应对方案，因此深得他人的信赖。

如果握手时对方把手握得很紧，但是只握了一下就抽开了，那就说明此人此时轻松自在，可是内心多疑，根本不愿意吃任何人的亏。

心理学家认为，与人握手时手掌微湿的人表面上看去冷漠、镇静，可是内心却非常紧张，所以他们会极力掩盖自己的缺点和不足。

握手的时候一点力度都没有的人，人们很难判断他究竟在乎谁，而且与这类人握手就像是从抹布上面挤出一点水，表明他们比较懦弱，而且经常犹豫不决。

那些从不与人握手的人是有精神洁癖的，他们还不愿意与人接触，因为很担心自己会染上什么疾病，所以他们总是偏好独自生活。

心理学家认为，如果我们想要试探一个人是否在骗人，那就可以一边握着对方的手一边问问题，如果对方一开始手掌很干燥，中间突然开始冒汗了，那就说明他心里有鬼，这时候就要对他所说的话打上一个问号。

手指动作背后的含义

【心理学故事】

袁弘是有名的"妻管严"，妻子的话对他来说就像是圣旨一样，从来都不敢违背。比如妻子不喜欢他太晚回家，他一下班就回家帮着妻子做饭。不过周六下午他参加完读书会，几个书友说想一起吃个饭，他推脱不过就答应了。

答应是答应了，可怎么跟妻子说呢？实话实说，妻子就算是同意也肯定会生气，到时候少不了又要给自己脸色看，所以他干脆给妻子发信息说公司值班的同事有点问题解决不了，需要自己帮忙，自己要去公司一趟，不一定啥时候回去呢，让妻子别等他吃饭了。结果妻子回了一句"好"。

收到妻子的回复后，他终于可以踏实地和书友一起吃饭了，吃饭的时候他们聊得很高兴，有的书友还买了酒，问他要不要一起喝。他虽然很想喝，但是又怕妻子知道他在外边喝酒了，就坚持没喝。

吃饱喝足后大家就各自回家，袁弘回到家已经九点半了，妻子当时在做面膜，看他也挺累了，也没多说什么，指示让他赶紧洗漱，而且还提醒他别忘了做运动。他自然是赶忙答应。

第二天上班一切如常，袁弘为自己说了谎而妻子没发现暗自庆幸，可是事情的发展却远不是他所想的那样。这天晚上吃饭的时候妻子很平静地问他："昨天晚上你真的是在公司帮同事解决问题吗？"

一听妻子这么问，他心里就慌了，可还是嘴硬地说道："是啊。"妻子听了又说："别着急回答，想好了再说。"

这时他马上抬头看妻子，想要从妻子的表情中发现一些蛛丝马迹，可谁知他看到妻子做出了尖塔型手势，两根手指还放在与眼睛平行的位置，并且正在注视着自己。就在那一瞬间他完全明白了，妻子这是什么都知道了。于是他马上就向妻子坦白了一切，随后妻子虽然说了他几句，但还是原谅了他。

后来，他还专门问过妻子是怎么知道自己说谎的，妻子说自己也在他们读书会的微信群里，今天上班的时候有人在群里发了他们昨晚聚餐的照片，妻子一眼就看到了笑得特别灿烂的他。

【心理学家分析】

心理学家认为，当一个人在交谈的过程中出现"尖塔型"手势（一只手的指尖对应地轻轻接触另一只手的指尖所形成的塔型手势，看起来就好像是高高耸立的尖塔一样）时，就说明这个人有着强大的自信和优越感，而这种手势或是动作通常会在从事会计师、律师、经理人等职业的人身上看到，而且这种手势还经常出现在上下级之间的交谈中，当上级指导下级又或是给下级提建议时就会出现这样的手势。

不过，当我们想要说服对方的时候，就要避免使用这种手势，因为该手势会给人一种狂妄自大、自鸣得意的感觉；相反，我们如果想要自己看起来更自信一些，那就应多使用该手势。

尖塔型手势可以分为正尖塔型和倒尖塔型两种，人们通常会在发表意见或是说话时使用正尖塔手势，而当我们倾听他人的谈话或是观点时才会使用倒尖塔手势。

相对来说，女性会更偏爱使用倒尖塔手势，它是一种略显拘谨的体态语言。如果这个动作前面连接的是一系列正向、积极的身体语言，那就表示对方对我们是接纳的或者对我们的话是认可的；相反，如果该动作前面连接的是一系列负面、消极的身体语言时，则表示了对方的否定心态。

而如果一个人在使用正尖塔手势的同时又做出了头部微微后仰的动作，而且目光游离，那就会给人留下一种傲慢、自以为是的印象。

需要说明的是，在女性做出尖塔型手势的时候我们最好是认真对待。当她用手肘撑着桌面，指尖对碰，放在与眼睛平行的位置并且注视着我们的时候，就说明她已经掌握了一切，这个时候千万不要说谎。

此外，做出尖塔形手势的位置一定要靠上，也就是说要让对方看清楚我们的动作。在开会的时候，很多女性会在桌子下面又或是十分低的位置上做出这样的手势，这样做会大大降低她们的自信。

　　通常来说，一个人在与人交谈的过程中如果做出了十指交叉的动作，就要仔细看他的手所拜访的位置：如果他将手放在了胸前，那就说明此时他热情高涨，非常积极；而如果放在了小腹以下，那就说明此时其情绪比较低落、消极。

　　当一个人坐着的时候如果十指交叉放在桌上，则说明他是很自信的；而放在大腿上的时候，则说明此时他比较紧张；当手指交叉过紧的时候，则说明其心中非常不安。

　　当一个人遭遇尴尬时，就会做出这样的动作，比如当我们不小心弄坏了同事的东西时就会一边做这个动作，一边做出解释，这时候这个动作是在表达我们心中的歉意。

　　我们在与人交流时，如果发现一个人的手指一直在弹动，那就说明这个人正处在紧张的情绪中，所以双手都不知道该往哪里放。因此才会不停地弹动，以此来缓解自己的紧张情绪。

　　在日常生活中，当我们看到一个人用手指连续地敲打桌子的时候，就尽量不要去打扰他，因为这个时候他正在考虑事情，正处于一种略微有些焦躁的情绪中。可能是某些事情让他觉得棘手，也可能只是做决定之前的犹豫，等等。总之他是通过敲击的动作来舒缓压力，如果我们这时候打断了他，那就会给他带来新的压力。

　　我们都知道吮吸手指是小孩子经常会有的动作，而当一个成年人做出这样的动作时，就说明其心智还不够成熟，就算是他看上去非常伟岸，但也无法改变其幼稚的内心。

　　心理学家认为，如果一个人伸手的时候五指并拢，那就说明此人做事认真，而且很有礼貌，总是严格按照规矩来。不过，他们往往会因为过度的谨慎而耽误大事，而且其在交友的时候由于不能推心置腹地与他人交往，所以是很难交到朋友的。

伸手时五指微张的人通常都是诚实稳重的，而且有着强烈的责任感，但是从另一个角度来看，他们又有些胆小，无法跟上时代的步伐。

伸手时四指并拢，大拇指独自分离出去的人大多能在社交活动中如鱼得水，而且为人机智，能把握机会，并且还善于理财。

伸手时五根手指全部向内弯成弓状的人具有很强的感受性，而且学习能力非常不错，点子也很多。

伸手时手指稍微向内收缩的人通常来说是比较吝啬的，但是经济观念非常发达。

伸手时五根手指全部伸直的人通常容易感情用事，有着丰富的情感，不管做什么事都会有始有终，绝对不会半途而废。

在日常生活中，当领导向下属布置某项工作而涉及一些数字或是具体的条款时，为了讲得更清楚一些，就会一边说一边数拨手指，这样做会让所说的话变得更有条理，同时也能增强说服力和清晰度。

有的人在与人谈话时会用食指指着对方，心理学家认为这样的动作是不可取的，因为这样的动作是具有攻击性的，会带给对方一种压迫感，让对方觉得我们在逼迫他，从而使其产生消极的情绪。这个时候他对我们的意见将会很难接受。

处于热恋中的人在一起的时候会互相摩挲对方的手指，这说明他/她非常在意对方，害怕失去对方。

心理学家认为，当一个人提出某个请求的时候，如果做出中指放在食指上的动作，那就表示他希望自己提出的请求被接纳。此外，这个动作还表示行为人希望自己可以得到好运，而在拉美地区，这个动作则用来向对方示好，表示两个人像手指一样亲密。

在交谈中，如果我们发现对方两手指尖交叉放在下颌下面，这就表示对方这个时候是非常自信的。如果一个人在与人交流时做出了"v"型手势，也就是手心向外，伸出食指和中指，其余三根手指并拢，则说明行为人非常自信，对自己的目标志在必得。

心理学家认为，当一个人做出竖起拇指的动作时，表明行为人对自己有着很高的评价，又或是对自己的思想或现状是非常自信的；而将拇指放进口袋，但是将其他手指挂在外边的动作则是低自信的表现。有时候做出该动作是为了掩饰内心的不安，所以在工作场合，领导或是管理者通常是不会做出这样的动作的。

在与人交流的过程中，如果一个人抓住衣领且露出了拇指，同样说明此人高度的自信，自我感觉良好。

当一个人在交流过程中以拇指指向对方时，就表示在嘲弄对方，该动作很容易激怒别人，尤其是内心比较脆弱的女性。

当一个做出啃咬、吮吸拇指的动作时，表明其正处于忧虑或是紧张之中，而且要比平时更加惊慌。

当一个人十指交叉紧握但竖起拇指时，就表示此时行为人自我感觉良好。当我们看见有人做出这样的动作时，就尽量不要反驳其观点，否则很有可能会引发不必要的争执。

心理学家认为当一个人用指尖搓掌心时，说明其此时心中是紧张、不安的，做这个动作是想缓解内心的紧张或是不安。

当一个做出捻大拇指的动作，也就是拇指与食指相捏，然后拇指向上，食指向内，两指相捻。这样的动作表示行为人想要得到报酬或是其他形式的好处。

肩部动作的秘密

【心理学故事】

　　沈彬今年大四，在姑父的公司实习，由于他大学学的是企业管理，现在公司也没有适合他的职位，所以姑父就先让他到人力资源部帮着做些事。没想到他在那里工作了一段时间后，居然喜欢上了这份工作，用他的话说就是做人事工作和企业管理的共同点都是与人交流，现在自己要做的就是多积累一些与人打交道的经验，对自己将来的工作也有帮助。

　　前些时候，公司决定招聘一批员工，人力资源部的韩经理就把部门的几个员工，也包括沈彬召集在一起开了个会，其实就是让大家一人出一套招聘方案，然后再一起讨论出一个最佳方案，还规定三天后提交。

　　接到任务后，沈彬觉得必须全力去做，讨论的时候才不会丢脸。于是这三天他一点也没闲着，不仅查阅了很多资料，而且还请教了一些老员工，最后才做出了一份还算满意的招聘方案。

　　到了开会讨论那一天，韩经理让大家分别陈述自己的方案，然后大家有建议的话可以讲出来，最后大家再综合讨论。在同事们阐述自己的方案时沈彬听得很认真，而且他觉得有的同事的想法很好，对自己很有启发。可是当他阐述自己的方案后，却看到同事杨威虽然表面上在笑着附和，可肩膀却在微微地抖动。看到这个动作他就知道杨威对自己的方案其实是很不屑的，他一直都有点看不起自己，觉得自己是普通大学毕业的，又是走后门进公司的，所以认为自己水平很低。

想到这里，他虽然有些不开心，但没有说破，他相信自己用心做出来的方案会得到大家的认可。果然在讨论的时候，不但韩经理称赞了他的方案，而且其他几位同事也都说方案里有的想法很新颖。因此大家经过充分讨论后就以他的方案为基础，再综合大家的意见，制作出了一份全新的招聘方案，结果这次的招聘很成功，不但省钱而且省时省力。

【心理学家分析】

在我们的观念中，肩部是责任与尊严的象征，所以在日常生活中人们对肩膀是比较关注的，往往会通过肩部的一些动作对一个人的心理做出判断，而不同的肩部动作也代表着不同的含义。

通常来说，高耸肩部的人因为动作并不是很沉稳，所以会给人一种轻浮的感觉；而肩部向下垮的人则会给人一种低人一等的感觉；左右肩高低明显不一致的人要么非常温顺，要么就是骄傲自大。

当我们与人交流的时候，如果一个人做出耸肩的动作，那就是在表示对某人或是某事无可奈何的态度，同时也表示行为人已经屈从了。这个动作通常出现在受到外界的某种刺激，尤其是当我们觉得害怕和恐惧的时候。但是如果一个人说话时单肩耸动，则表示他对自己所说的话是非常不自信的，这就表示他可能在说谎。

当一个人做出缩肩的动作时，那就表示他想要缩小自己的势力范围，表达了内心的恐惧与不安。当一个人情绪低落时，正处于消极状态中的人会慢慢地将双肩提升到耳朵的高度，看起来就像没有脖子一样。做出这样动作的人是缺乏信心的，而且他还会觉得非常不自在。

一个人做出展肩的动作时，则表示他想要扩大自己的势力范围，其实就是在向对方展示自我的存在，同时也是为了威慑对方。

日常生活中，很多人在面对巨大的压力时就会将手臂交叉并且反复用双手摩擦肩膀，看上去好像很冷的样子，其实这是一种保护性的动作，可以让人平静下来。与此同时，这个动作其实是一种自我安慰，这样做会让我们产生安全感。

一些女性在受到委屈的时候会伤心地哭泣，她们在抽泣的时候双肩会剧烈地耸动，这就表示她们真的很伤心。

心理学家认为，当一个人抖动肩膀的时候，表示其内心是不屑或是无所谓的。在谈判桌上我们经常会看到这样的动作，当一个人充满信心地将自己的观点阐述完之后，对方虽然表面上微笑附和，但是肩膀却轻微地抖动着，那就说明他心里对前者所提出的观点是不屑的，或是他对前者提出的条件是无所谓的。

心理学家认为，当一个人心里觉得很得意的时候就会抬起头，并且还会将双肩向后拉。这其实是一种积极的心理暗示，同时也用来表示一个人的骄傲情绪。

习惯性手臂动作背后的含义

【心理学故事】

　　程鹏是某公司的金牌销售员，最近部门经理给他安排了一个据说非常难缠的客户，因为不管给出怎样的方案，这个客户永远都说想再看看。不过这个客户是个大客户，对公司非常重要，又不能放弃。所以在经理亲自出马都搞不定这个客户之后，才抱着侥幸的心理让程鹏接手，想看看他有没有什么办法。

　　程鹏接手之后先是花了一周的时间对这个客户的资料以及之前同事们，包括部门经理所提出的方案进行了系统的研究。他发现这个客户似乎也不是很难对付，而且同事们所给出的方案也都不错。所以他在综合了同事们所提方案的基础上又加入了自己的一些想法，从而形成了一份新方案。

　　有了新方案后，程鹏很有信心能够一举拿下这个所谓的"难缠的客户"，于是马上联系客户，敲定见面的时间和地点，结果这个客户也很爽快，很快就约定周三下午在他们公司附近的咖啡厅见。

　　见面的时候，程鹏很详细地向客户介绍着自己提出的新方案，可是这个客户除了"嗯""嗯""嗯"外，没有任何实质的意见，不说行，也不说不行，这可把程鹏给整蒙了。就在他不知道该如何应对，甚至不知道该如何结束谈话时，他偶然间看见客户双手都插在口袋里。看到这个动作，他突然找到了问题的关键——原来这个客户是个不轻易做决定的人，他对任何事都会经过充分的考虑后才做决定。

想明白这一点后他就不着急了，而是耐心地把自己的方案讲完，然后对客户说："毕竟这次投资的资金不是个小数目，所以您不必急着做决定，考虑清楚后告诉我就行。当然，在此期间您还有什么不明白的又或是有什么建议，都可以随时告诉我。我是真心想把这件事做好，所以我愿意等您做出决定。"

客户听他这么说，就笑着说："你和你们公司的其他人都不一样，他们总是催着我做决定，好像生怕耽误他们的时间。而你却说不着急，让我考虑清楚再说，好的，我会认真考虑你提的方案的。"

5天后，那个客户给程鹏打电话说自己完全认可他所提出的方案，程鹏最终搞定了这个客户。

【心理学家分析】

心理学家认为，与人交流时习惯将双手插在口袋里的人通常都比较谨慎小心，决定做一件事情之前会考虑很多。他们非常害怕失败，而且自身脆弱的心理素质又决定了其无法承受失败。在面对挫折与困难或是重大打击时，他们通常会是一副怨天尤人的样子，很有可能会颓废很久，而且他们并不会从自己身上找原因。

还有人认为，将手插在上衣口袋或是裤兜里的动作所传达的是不愿意暴露真实内心的戒备心理，要么是不信任对方，要么就是有不可告人的事。

除了将手插在口袋或是裤兜的动作外，日常生活中我们还会做出一些习惯性的手臂动作。下面，我们来了解一下这些动作背后的心理含义。

» 两只手握在一起

说话时习惯将两只手握在一起的人大多容易紧张，当他们认真地与对方交流时总是会不自觉地出现这样的动作。有时除了两手相握外，还会捏弄每一根手指，又或是坐立不安地玩弄钥匙圈，这些动作都说明这个人是缺乏自信的，与人交谈时会因为胆怯而显得过分紧张。这类人心理承受能力较差，无法承担责任，为人拘谨小心，内心温顺懦弱。

» 手随意放在大腿上

与人交流时，把手随随便便放在大腿上的人会给人一种轻松、镇定的感觉。这样的人喜欢帮助人，又充满自信，遇到事情的时候也不会慌张，而且很有主见，宽容、有同情心，往往能对事情做出准确的估计，有着远大的志向。

» 双手在大腿上来回摩擦

如果在讲话时不自觉地将双手在大腿上来回摩擦，就表示当事人很紧张，想要通过这样的动作缓和自己的情绪。

» 双手叉腰

心理学家认为，在谈话的时候习惯双手叉腰的人是没有办法营造出完全轻松的谈话氛围的，除非他们能够将叉在腰部的手臂给放下来。需要说明的是，做出这个动作的人下半身其实是很放松的，所以有充分的理由认为，他们做出这样的动作只是在不经意地对对方的分量进行分析、琢磨，但是不太可能会引发面对面的冲突。

» 一只手握住另一只手的腕部

心理学家认为，当一个人用一只手握住另一只手的腕部时，通常是表示惋惜、叹息。不过该动作也与人的自我控制意识密切相关，当一个人心中觉得惋惜时为了控制手的动作，让自己不至于做出出格的举动，就会不自觉地对手腕进行控制。

» 一只手自然下垂，另一只手握住肘部

当一个人一只手自然下垂，然后用另一只手握住肘部的时候，就说明他的内心充满了紧张情绪。当一个人将双臂举得很高并左右摆动，又或是将双臂伸直，高举过头，交叉摇动时，是行为人在表示警告或是胜利、欢乐。

» 将双手摊开

与人交流时，喜欢将双手摊开的人通常是比较坦率、真诚的，也比较容易相信别人，而且当他们觉得无能为力的时候，就一定会坦白地说出实情，而不是虚伪地进行掩饰。虽然他们平时显得比较天真，但是遇到大事的时候就会表现出成熟的一面，而且还很容易接近，容易满足。

》双肘支在桌子上，两手交叉在一起

如果一个人在讲话时将双肘支在桌子上，而且两手交叉在一起，那就说明他心里对某个人或某件事是拒绝的，将手臂支起来是要搭起屏障，以便阻挡对方。此外，如果一个人的一只手握拳，用另一只手的手掌拍击拳头，这也是在表示拒绝。

》一只手插进口袋，另一只手自然下垂

平时与人交流时，如果发现一个人将一只手插进口袋，另一只手则自然下垂，那就表示这个人有着复杂多变的性格，没有定性。因此我们在现实生活或是影视作品中会看到做出这种动作的通常都是年轻人，而且还是性格不成熟的年轻人。不过虽然他们没有定性，但是已经有了个人利益的强烈意识，所以任何侵犯其利益的行为势必会招致其全力的报复。

》双手互搭，放在小腹前

心理学家认为，当一个人做出双手互搭、放在小腹前的动作时，表明行为人对自己的所作所为是很满意的，或者说是很有成就感的，可是并没有骄傲自大。我们经常会在影视剧中看到头上戴着假发的英国管家做出这样的动作。

》喜欢摸嘴巴

心理学家认为，讲话时喜欢摸嘴巴的人不管男女，基本上都是内向、害羞的人，因为他们不太擅长用语言去对自己的真实意图进行表达，所以很容易被人误会。而且就算是面对喜欢的人，他们也不敢清楚地表白自己。

» 喜欢捏鼻子

在与人讲话时，喜欢捏鼻子的人大多喜欢捉弄别人，但被对方发现时却不敢承认，而且还喜欢哗众取宠。这样的人通常都是被人支配的人，别人要他做什么，他就可能会去做什么。

» 喜欢摸头或是玩头发

心理学家认为，与人交流时喜欢摸头或是玩头发的人通常性情温和，并且还能体贴他人。这类人大多比较正直，不会做坏事或是占人便宜，但要注意，不要与这样的人发生争吵。不过，讲话时总是不自觉用手摸头发的人是非常在意别人对自己的看法的，而且还对流行趋势非常敏感，对于自己的失败和错误也是非常介意的。

» 将手指掰得"嘎嘎"作响

有的人在讲话时总会将手指掰得"嘎嘎"作响，这样的人都拥有旺盛的精力，而且非常健谈。不过他们对工作环境、事业非常挑剔，他们在做自己喜欢做的事情时，不管付出多大的代价都会踏实努力地去做。

» 喜欢摆弄饰物

有的人在讲话时喜欢摆弄饰物，这样的人大多为女性。她们通常都比较内向，不会轻易表露自己的感情。她们的另一个特点是踏实认真，凡是大型的聚会留到最后收拾、打扫的人总是她们，而且她们总是习惯去提醒别人——你应该重视我。

» 喜欢抚摸头部

心理学家认为，讲话时喜欢抚摸头部的人都是比较有脑子的，他们善于抓住细节，寻找机会，并且借此完善自己。这种类型的人还具有一定的魄力和胆识，而且凡事喜欢标新立异，很愿意去做一些比较刺激的、别人不敢做的事情。他们大多个性鲜明，对是非善恶也分得非常清楚，绝对不肯有半点的迁就和马虎。

此外，还有人认为用手抚摸头部可以掩饰惭愧、害羞、愤怒等不方便向外表达的情绪，并对自己进行安抚，让自己能够冷静下来。有时候也会用手指梳理头发的动作来代替，看起来就像是在挠头。

» 不断地搓手

心理学家认为，如果一个人与人交流的时候不断地搓手，代表两个方面的含义：一是行为人对某些事物有着强烈的期待，而且这种期待充满了自信；另一个含义就是行为人此时紧张不安，比如将要上台演讲的人由于心里紧张，就会不断地搓手掌。

» 轻轻拍打对方的手

与人交流时会轻轻拍打对方手的人通常来说都具有很强的自信心，并且有果断的决策力，做事雷厉风行，很有气势。这样的人大多比较外向，在任何时候都会努力将自己打造成核心人物。

» 一边说话一边用手指着对方

与人交流时，一边说话一边用手指着对方的人通常都是非常自负的，看上去非常像领导，有时会给人盛气凌人的感觉。在别人面前总是会坚持表明自己的立场，而且很容易嫉妒别人，有支配他人的欲望。

» 习惯将手臂抬高，用手抚摸自己的后颈

如果一个人在讲话时总是习惯将手臂抬高，用手抚摸自己的后

颈，其性格大多是比较内向的，在遇到某些事情的时候经常会做出这个动作对自己的情绪进行掩饰。而这个动作就是在行为人处在害羞、懊恼或是悔恨的情绪中时才会出现。

如果在将手放在脑后的同时还伴有双腿伸长、身体后仰的动作，则表示行为人在这个时候是放松的。

» 手不停地摆弄旁边的物品

如果一个人在与人交流的时候，手却不停地摆弄着旁边的物品，表示行为人要么是心里不安、紧张，要么就是漫不经心、心不在焉。

» 说话时经常握紧拳头或咬指甲

心理学家认为，说话时经常紧握拳头的人可能是因为缺乏安全感，所以拥有比较强的防御意识。他们并不是要攻击别人，可能只是为了提防别人的攻击。除了缺乏安全感外，他们还富有同情心而又善解人意，能够关心、体贴他人，不过他们冲动起来的时候就会有咬指甲的行为，这无疑是心中紧张、恐惧的表现。

而咬指甲的人心中的不安正在增加，他们想要通过这种行为去缓解不安。如果有人在谈话的过程中不断地咬手指、指甲，又或是用指尖去拨弄嘴唇，那就说明行为人性格焦躁，容易紧张，而且心理上还非常不成熟。

正常情况下，成年人握拳时是将大拇指放在食指和中指的保护外，将大拇指的第一节放在食指的第二节上。而婴幼儿在握拳时则是将拇指之外的四根手指合拢，然后蜷缩大拇指，将其插入食指与中指以及手心所形成的包围圈中。这样的握拳方式被称为婴儿式握拳。

当成年人出现这样的握拳方式时，就说明这样的人性格怯懦、软弱，较为缺乏安全感，非常渴望得到外界的保护与帮助。

握拳有时候还代表着决心与愤怒，比如人们经常通过握拳来对自己的立场进行强调，有时候还会转化为挥舞拳头和敲击桌子。在现代政治活动中，人们经常通过该动作来表示决心。

当握拳表示愤怒时，就有着严重警告、特别强调或是鼓舞斗志的意思。当一个人紧握拳头时很有可能会引起周围的连锁反应，让对手也紧握拳头，这样就很有可能会引发一场争斗。

» 习惯耸肩推手

在交流时如果一个人耸肩摊手，那就是在表示这件事自己无所谓，这类人大多为人热情诚恳，有着丰富的想象力，会享受生活，也能创造生活。他们所追求的最大幸福就是生活在舒畅、和睦的环境中。

» 将双手交叉相扣，放置在身体前的腹部或小腹部

在交流的过程中，如果一个人做出了叉手的动作，也就是将双手交叉相扣，放置在身体前的腹部或是小腹部，那就说明此时这个人是非常拘谨的。其通过叉手的动作想要将腹部和胸部隐蔽起来，从而摆出了防御性姿态，代表某种不自信的心理，而且这也是其控制局促、紧张情绪的一种方式。

» 一只手握住自己的另一只手

有的人体语言学家认为，当儿童感到害怕或是不安全的时候，

就会用手拉住妈妈的手，成年以后我们仍然需要寻找安全的保障，所以就会用一只手握住自己的另一只手。由于这个动作表现出了封闭和拘谨的特征，所以在受到批评时做出这个动作的人经常会被当作是不想接受批评意见。

» 做出"袖手"

而当一个人做出"袖手"，也就是将左手和右手分别交叉，拢在右袖和左袖中的时候，就说明行为人有一种看热闹的心理，而且这种动作还是消极、封闭和防御的身体信号。而且这样的动作也是不文雅的，有文化、有教养的人是不会做出这样的动作的。

Part5

腿脚动作暴露你的内心

　　如果一个人将一只脚踝扣在另一只脚踝上，那就说明此人想要隐藏些什么，可能是某种信息或是情感，行为人想要通过这样的姿势让自己不要将相关信息泄露出去。此外，该动作还说明这时行为人很紧张。

双腿交叉的秘密

【心理学故事】

贾小朵大学毕业后，妈妈安排她到姨父开的化妆品公司帮忙，说是帮忙，工资还是一点都不少发。不过小朵并不想去，因为她不愿意受人照顾，可还是拗不过妈妈，无奈之下只好去了。

一开始，姨父怕公司员工对自己安排亲戚来上班有意见，就没说小朵是自己侄女，先给她安排了一个市场部经理助理的职位，想着先让她做上一段时间，然后再慢慢给她升职。

可是世界上没有不透风的墙，没几天同事们就从一些蛛丝马迹上判断出小朵是老板的亲戚。这样一来，他们就开始本能地排斥小朵，虽然表面上对她客客气气的，但是从来都不会在她面前聊天、说笑，平时有什么活动也会选择性地遗忘她。

小朵本来到这里工作就是不情不愿的，现在同事对她又是这样的态度，所以心里就更难受了。于是有一段时间小朵整天连个笑脸都没有，那种做"边缘人"的感觉真的很不好。

妈妈了解到这件事后很着急，就给姨父打电话让他想想办法，结果姨父说这样的事情很正常，而且也没有太好的办法，只能靠小朵自己。如果她闯不过这一关，到别的公司照旧还是这样。

于是，妈妈就把姨父的话告诉了小朵，小朵听了之后觉得姨父说得很有道理，自己怎么能做一个遇到困难就退缩的懦夫呢？既然同事们排斥我，那我就一定要想办法让大家接受我、认可我、喜欢我。

于是，她一改之前的颓废，开始热情、真诚地与同事们交往，慢慢地，她的真心开始感动一个又一个同事，直到所有的同事都接受了她。后来，公司举行一次小型的员工聚会，在聚会上，姨父看到小朵在与同事们交流的时候已经不再像以前那样在双臂交叉的同时双腿交叉了，而是放下了双臂，很自然地站着，而同事们与她聊天时也都是很轻松地站着。看到这里姨父终于放心了，因为他知道这表示小朵已经接受了同事，而且也被同事接受了。

【心理学家分析】

日常生活中，我们会经常看到人们双腿交叉的动作，而这个动作又包含了很多不同的类型。为了方便理解，我们将这个动作分为两类来阐述，第一类是站立时的双腿交叉，第二类是坐着时的双腿交叠。

心理学家认为，一个人在站着与他人交流时如果做出了双腿交叉的动作，那就说明这个时候他是很舒适的。因为如果在交流中觉得不舒服，是绝对不会做出这样的动作的，这样做是在告诉周围的人，此时的环境以及交谈的话题让我觉得舒服。人在站立的时候双腿交叉其实是一种不稳定的状态，与此同时相互压迫的双腿也极大地限制了我们的行动，所以这一定是在一种非常放松的状态下才会出现的动作，也说明与我们交谈的对象是我们信赖的，又或是双方之间的交谈让行为人非常愉悦、轻松。此外，当我们在他人面前觉得非常自信的时候，也会出现双腿交叉的动作。

不过，当一个人在双腿交叉的同时将身体的重心放在了墙上，那就说明身边的人或是环境让他觉得不安，他要为自己找一个安全的依靠。

如果我们在与人交谈的时候双腿交叉，突然出现了一个陌生人或是自己不喜欢的人，那双腿就会马上恢复常态。

需要说明的是，我们在社交场合中还可以通过站立时双腿交叉的动作来对周围人之间的亲密关系进行判断。比如当我们发现两个人在双腿交叉站立时身体向对方倾斜，那就说明他们是非常熟悉的朋友。

如果一个人在坐着的时候双腿交叠，则表示其在表达一种否定的态度，是一种防御心理的表现。因为如果两个人相对而坐的时候都交叠双腿，那他们之间的距离就会一下子拉大很多，很显然这并不是一种亲密交谈的状态。

所以，当人们在坐着做出交叠双腿的动作时，就表示他不赞同对方的观点或是不愿意接受这个人。所以才会将自己封闭起来，与对方保持一定的距离。

　　在与女性交往的过程中，如果发现她在站着的时候一只脚的脚尖勾在另一只腿上，那么这种动作就是一种防御性姿势，说明这个时候她心境漠然，而且还有退却的心理。这样的姿势通常会出现在容易害羞的女性身上，所以这个时候我们要做的就是放低姿态，通过友善、温柔的方式去消除她的防御心理。

　　在一个陌生的场合里，如果一个女性跷起了二郎腿，那么只会是两种情况，要么是她缺乏教养，要么就是她属于那种很高傲的女人。

　　男性跷二郎腿的情况还是很普遍的，但是在一些比较陌生的社交场合，这样的动作还是会给对方留下非常高傲或是冷漠的印象。所以就算是事业有成的人，也不应该在严肃的社交场合中出现这样的动作。

　　有的心理学家将跷二郎腿分为两种基本姿势，一种是标准型跷腿与"交叉合拢"型跷腿。其中，标准型跷腿具体是指将一条腿搭在另一条腿上，通常是将右腿搭在左腿上。这其实是一种戒备、矜持或是神经质心理的表现。不过，这样的动作也很有可能是一种纯粹的辅助性动作，其所包含的具体意义还得结合一些别的动作和手势来分析，比如当一个人在椅子上坐了很长时间，觉得不舒服的时候，就会做出标准型跷腿；如果一个人在跷二郎腿的同时又双臂交叉抱胸，那就说明他不想聊当前的话题。

　　"交叉合拢"型跷腿又被称为"美式双腿交叠"，具体来说就是一条腿呈半弓型搭在另一条腿上。做出这种动作的人通常都非常固执，而且此时正有一种竞争和抗拒心理。

当一个人做出美式双腿交叠的动作，然后又将手放在腿上的时候，就说明行为人是很难在讨论过程中改变自己观点的人。

不过有的朋友会说，自己觉得冷的时候也会交叠双腿，但这并不是在防御什么。那么如何判断这样的动作究竟是防御还是防寒呢？其实当一个人觉得很冷的时候，交叠在一起的双腿是挺直而有力地互相夹着，看上去要比防御性姿势用力很多。

需要说明的是，虽然很多人认为坐着的时候扣着脚踝或是交叠双腿是行为人很舒服的表现，不过也要认识到虽然这样的动作让我们觉得很舒服，但是请记住，这样的动作在社交场合或是职场中还是会有防御性的负面意义，也就是说会让与我们交流的人觉得不舒服。

我们要注意到，女性夏天穿短裙时会自然地交叠双腿，这只是一种因为所穿服饰形成的习惯。

还有一种动作是在坐着的时候随意交叠双腿，有时候还会将脚伸到他人的私人空间里。这样的人通常性格比较随和且自由散漫，无拘无束。

此外，行为心理学家通过调查发现，在社交场合中当我们与一群陌生人待在一起的时候，手臂和双腿都是交叉的，而且彼此之间站得很远，这是因为和陌生人待在一起的时候，我们总会觉得紧张。

因此，当一个陌生人进入一个集体一段时间后，要想判断他是否已经融入了这个集体，就要看他在社交场合中是否还有双臂、双腿交叉在一起的动作。如果已经没有这样的动作，而是面带微笑、双臂摊开，那就说明他已经逐渐融入了这个集体里。

叉开双腿的心理含义

【心理学故事】

陈英豪今年 28 岁了，还是单身，家里人着急，他自己也着急。在大学的时候他谈过一个女朋友，不过毕业之后因为对方不想留在北京，所以就分了。从那以后他又短暂谈过一个，只交往了三个月，就因为性格不合分手了。

去年他回到了老家所在的城市，找了一份不错的工作，买了车买了房。这下子给他介绍对象的人就多了起来，一开始他并不想相亲，但是架不住家里一直催，就见了几个，不过都不太满意。

上周一个在一起处得不错的男同事给他介绍了一个女孩，是这个同事老婆的闺密，叫锦月。一开始两个人并没有马上见面，而是先在微信上聊，结果聊得挺好，并且还发现了很多共同的兴趣爱好，于是就决定见个面。

在见面之前，同事的老婆还专门嘱咐他说锦月喜欢有男子气概的男人，让他到时候适当表现一下。如果表现得好，两个人说不定就能有进一步的发展，他听了之后就告诉自己一定要有男子气概。

到了约定见面的那一天，他们先是看了一场电影，然后又去吃了一顿饭，当然都是陈英豪结账。吃饭的时候他们聊得很好，锦月时不时就被他逗笑，而且也被他的经历和学识所吸引。吃完饭，他不想那么早回去，就问锦月着急回去吗？锦月说回去也没什么事。于是他就提议去公园逛逛，虽然很俗，但附近真的没什么好玩的地方，好一点的景区都在郊区。

锦月说逛公园也不错，于是两个人就去了附近的月季公园。逛公园的时候有一段时间他们俩站着说了一会儿话，当时他为了表现自己的男子气概，故意把腰挺得很直，而且把腿叉得很开，结果他发现锦月居然有点不好意思看他，他还以为锦月是喜欢上自己了，所以才会害羞，于是就更来劲了。

不过随后锦月的话少了很多，回去后也没怎么和他联系，后来干脆就不回信息了，这让他很郁闷，根本弄不清是哪出问题了，不是聊得挺好的吗？坚持了三天，他再也忍不住了，就托同事的老婆打听一下到底是怎么回事，好歹让自己死个明白啊。

结果打听到的消息是锦月认为他品质不好，一直对着自己做下流动作，而所谓的下流动作就是将双腿叉得很开，这难道不是在耍流氓吗？听到这个消息他懊恼不已，自己实在是太不懂女生的心理了。

【心理学家分析】

在日常生活中，我们在与人交流的过程中会看到原本双腿并拢的人突然岔开了双腿，这就表示他在捍卫自己的"领地"。心理学家认为，之所以这样做是因为行为人心情烦躁又或是感受到了压力和威胁，当他们想要战胜对方的时候，就会不自觉地将腿叉得比之前更宽一些，以便获得更多的领地。因此如果我们不想激化矛盾，那就最好稍稍收拢自己的双腿，这样做可以降低对抗等级，让紧张的局面得以缓解。

当两个人陷入对峙状态的时候也会将腿脚叉开，这样做并不是为了让自己站得更稳一些，同样是为了获得更多的领地。所以当我们在生活中发现一个人的腿先并在一起，然后又叉开的时候，基本上就可以判断这个人是不高兴的，这是一种强烈的信号，说明对方正在准备做某些事情，这个时候我们就应该提高警惕。

此外，站立时叉开双腿，可以让我们将压力分散到全身，具有非常好的减压作用，同时还能带给我们心理上的安全感。

在日常交流的过程中，如果一个人在双脚叉开的同时又双手抱胸，那就说明他想要建立一种权威，给对方一种压迫感。所以当我们看到有人做出这样的动作时，如果没有必要，那就不要轻易挑战对方，因为他很有可能是拥有一定的权力，而这种权力有可能会给我们带来不必要的麻烦。

在日常生活中，我们应该都看过别人吵架，吵架的时候行为人在双腿叉开的同时还会双手叉腰，这就表示这个时候他心里非常愤怒。所以当我们看到一个人做出这样的动作时，一定要提高警觉，因为对方很有可能会在怒火的影响下丧失理智，从而做出一些不理智的行为，如伤害我们的身体。

通常情况下，男性都比较喜欢做出双腿叉开的动作，因为这样能显示自己的支配地位。不过需要注意的是，该动作具有明显的展现胯部的意思，尤其是会将男性的生殖器官凸显出来，而这往往会让女性觉得尴尬。所以，当男性做出这样的动作时，一定要充分考虑这个因素，不要做得太夸张，否则很有可能会被女性认为是一种下流的动作。这样一来，就有可能会产生不良的后果。

双腿并拢和分开的心理含义

【心理学故事】

一年前，陈凯被调到济南分部做销售总监，刚到公司就听到了很多关于任雪菲的事情，很多同事都说她和许多男客户走得很近，而且不管走到哪里都会有花边新闻。这些流言也影响了陈凯，所以一开始他对雪菲的印象并不好。

印象不好自然也就不会有什么好话，工作时间他对雪菲都是冷言冷语，这把雪菲搞得有点莫名其妙，真想不起自己哪里得罪新来的领导了。不过，她还是本本分分地做好自己的工作。

有一次公司接了一个大单，那段时间每天都要加班，不过还是遭到客户不断的挑剔和质疑，结果大家都不免有些情绪。在这样的情况下，雪菲除了积极鼓励大家外，还自掏腰包给销售部的同事每人买了一盆绿植，结果大家的心情都好多了，最终成功拿下了这个大单。

这件事之后，陈凯改变了对雪菲的看法，认为她并不是传说中的那样。随着与雪菲的接触越来越多，他发现雪菲是一个热情、开朗、善良的女孩，平时虽然喜欢和男同事聊天、说笑，但都是正常的交往。就这样，他发现自己竟然慢慢爱上了雪菲。

可是他并不敢向她表白，怕表白后连同事都做不成了，不过他对雪菲越来越好，主动为她解决生活和工作上的问题，慢慢地公司开始有传言说雪菲和他在一起了。而且雪菲也觉得陈凯喜欢自己，其实她也喜欢陈凯，不过让她着急的是陈凯一直没有向自己表白，自己作为一个女孩子如果主动向人家表白，万一是自己会错意了，那不是很丢人？而且到时候自己也没脸在公司待了。

可老这么拖着也不是个事，一辈子遇到真爱的机会并不多，想来想去她决定主动出击。而所谓的主动出击就是在公司公开说让大家帮忙给自己介绍对象，说年龄不小了，家里催得紧，如果能遇到合适的就会马上结婚。

陈凯听到这些后马上慌了，可他实在是没有理由阻止雪菲去相亲，于是只好眼睁睁看着雪菲今天见一个明天见一个，而他则在那里担心雪菲真的找到一个合适的。结果担心什么来什么，没过几天雪菲就宣布自己找到了真命天子，而且在一次聚会上还把对象介绍给了销售部的同事。这下陈凯彻底心凉了，他恨自己为什么不敢表白？

不过，后来有一天他外出办事的时候无意中看到雪菲和她那个对象在公司附近的咖啡厅坐着，于是他就鬼使神差地偷偷去观察他们。结果他发现雪菲和那个男的面对面坐着，虽然有说有笑，但是雪菲的双腿却是分开的，看到这里他彻底明白了。原来雪菲对这个所谓的对象一点感情都没有，要不然她不会在他面前那样坐着。

这时陈凯重新燃起了希望,既然雪菲并不是真的喜欢那个男人,那就代表自己还是有希望的,于是他找了个时间直接向雪菲表白了,而且还说了一番感人的话。雪菲听了之后哭着说:"我早就想听你表白了,可是你却一直不说,没办法我只好假意说要相亲,然后又说找到了对象,想通过这样的方法来刺激你做出决定,没想到真成功了。其实那个所谓的对象是我堂哥,我只是找他来演一场戏。"

陈凯听了恍然大悟,而且也庆幸自己没有判断失误。

【心理学家分析】

心理学家认为,坐着的时候上身端正并微微前倾,与此同时双脚并拢的人通常都很正派,而且热情,不过做事情往往会太较真,比较保守。这个姿势所暗含的意思是:我愿意和你进一步接触,也乐意听你倾诉,而且随时准备回应你。

有的人在坐着的时候习惯将两条腿的膝盖并在一起,脚尖也并在一起,可脚跟却是分开的。这个动作所表达的潜台词是:我已经很不耐烦了,真的不想再听了。这样的人通常都有着很强的观察力,不过做事的时候会因为太过认真而表现得瞻前顾后。

还有人坐着的时候会将大腿并在一起,可是小腿和脚却是分开的。这样的人性格外向,喜欢支配别人,有时候会给人留下太过自我的印象。

心理学家认为,坐着的时候习惯将大腿分开,脚跟合拢,双手放在肚脐上的人通常拥有很大的勇气以及强大的自信，只要做出决定就一定会坚持到底。不过他们的占有欲也很强，总是过多地干涉他人的隐私，有时候会表现得像个侵略者。

如果一个女性在坐着的时候并拢双腿，说明她拥有较高的警惕性，又或是心中有抵触或是拒绝的情绪，而且正处于紧张的状态中。与此同时，这也是在不自觉地强调自己的"淑女形象"。需要说明的是，这样的姿势并不是女性天生就有的，而是从小就被教育"女人就该是这个样子"的结果。

相反，如果我们发现一位女性在交流的过程中张开双腿坐着，那就说明她的警惕性很弱，并且正处于一种放松的状态中。如果她面对着一个男性的时候还是保持这样的姿势，那就说明她对面前的这位男性并没有什么特殊的感情。

如果一位男性坐着的时候张开双腿，那就表示其占领地盘的心理在起作用，而且他不想让别人轻视自己。因此那些领地意识特别强的男性会经常张开双腿坐着，这样做可以扩大自己的私人空间。

心理学家认为，如果男性在坐着的时候习惯并拢双腿，那就说明其对自己缺乏信心，做出这样的动作是想淡化自己的存在。

习惯性腿脚动作的含义

【心理学故事】

刘丽杰是某公司的人事经理，是个很好学的人，工作之余经常会看看心理学方面的书，尤其是对微动作方面的知识感兴趣，而且也学了很多。她平时经常通过一些细微的动作洞察人们内心的真实想法，所以公司的同事就给她起了个"刘半仙"的外号。

最近，公司领导想要从北京总部调派一些能力比较强的员工到下面的分公司去，想看看这些"鲶鱼"能不能让分公司变得更有活力，而具体的人员安排自然就交给了她这个人事经理了。

她经过一段时间的思考后，制定了一份人员调动的名单，也给公司领导看了，他们都觉得没问题。不过虽然领导觉得没问题，但还是得问问员工本人，万一人家不乐意，那岂不是还会起到反作用。于是她就开始一个一个找这些将要被调动的员工谈话，想了解一下他们的想法，然后再做最后的决定。

她第一个找的就是王丹，王丹是市场部的副经理，能力很强，是公司的重点培养对象。这次打算让她去成都或是重庆的分公司担任市场部经理。当她问王丹是否愿意到外地的分公司担任市场部经理的时候，她明显注意到王丹的衬衫袖和肩膀在摆动，于是就看了一眼她的腿，发现她的双腿和双脚都在一起摆动，一看这个样子她就确定王丹是乐意去外地工作的。

不过，当她提到想让王丹去成都或是重庆任职的时候，她的两只脚却同时停止了摆动。刘丽杰看到这种情况，就知道她不愿意去重庆或是成都，于是就问她："你是不愿意去重庆或成都吗？"

这时王丹明显一愣，然后说道："有这么明显吗？我是不愿意去重庆或者成都，其实我早就听说公司要调一些人去外地的分公司，我也可高兴了。不过我想去的是武汉，我男朋友在那边，而且还有不少大学同学在那边，我以为公司了解这个情况，一定会把我派到武汉，没想到是让我去重庆或成都。"

【心理学家分析】

» 双腿与双脚一起颤动或是摆动

心理学家认为在与人交流的过程中，如果发现对方的双腿与双脚一起颤动或是摆动，那就说明此人内心正处于高兴或是愉悦的状态之中。有心理学家在对学生双脚摆动的行为进行研究后发现，当临近下课的时候，学生双脚摆动的频率就会明显增高。心理学上把这种动作称为"快乐脚"，通常出现在一个人觉得自己正在得到想要的东西或是自己有优势从另外一个人或者周围的环境中获得有价值的东西的时候。

» 移动双脚和躯干朝向某处

心理学家认为，我们通常会将身体转向所喜欢的人和事，而最为直接的反应就是脚的方向。因此当一个人欢迎我们的时候，就会移动双脚和躯干朝向我们，那这时候他就是在全心全意欢迎我们；如果他并没有移动双脚，只是转了转身子，那就说明他并不是真心欢迎我们。

» 将双脚从脚尖指向的一侧移开

在与人交流的过程中，如果发现对方渐渐地或是突然地将双脚从我们这一侧移开，那就代表他已经厌烦了。这个时候，我们就应该及时结束谈话，不要拖延。

» 双脚合拢，稳稳地站着

如果一个人的双脚合拢，稳稳地站着，然后平静地面对着我们，那就说明这个人可能很直率、坦白。但如果他是将脚的重心放在靠外的那一侧上或是脚后跟上，就说明这个人很有可能不太地道，又或是没有对我们说实话。

» 一只脚和脚趾向上翘起

在现实生活中，当我们看到一个人与他人交谈时一只脚的脚趾向上翘起，那就说明这个人此时的情绪不错，或是正在听或者想到一些让自己高兴的事。如果这时候我们抓住机会向其提出一些要求，通常都会得到肯定的答复。

» 将一条腿搭在另一条腿的膝盖上

如果在交流的时候，一个人将一条腿搭在另一条腿的膝盖上，那就表示他正在为自己打气，而且他不太自信或是没有说实话。

» 整个身体朝着某人说话，双腿和双脚朝着相反方向

当一个人整个身体都朝着我们说话，但是双腿和双脚却朝着相反的方向的时候，就说明他想要离开，并且不太想和我们说话。另一个说明一个人想要离开的动作是不断地而且很有节奏地拍打大腿，这就说明他很想离开，但又无法离开。

» 不断晃动双脚或轻轻敲打双脚

当一个人不断晃动双脚或是轻轻敲打双脚时，也说明他已经觉得不耐烦了或是厌倦了。这其实是一种逃跑的动作，想要表达的真实意思是"我不想待在这了"。

» 扳起了自己的脚

如果在与人交流的过程中对方扳起了自己的腿，那就说明他对我们所说的话是不认同的，所以当对方出现这样的动作时，讲再多的话都是白费力气，他们是根本听不进去的。所以一定要想办法让其眼见为实，让其内心产生动摇，然后再与其进行交流，这样才有可能改变其固有的想法。

» 抖动腿部

在我们与人交流的过程中，如果发现对方在抖动腿部，具体来说就是用脚尖或腿使腿部颤动，又或是用脚掌拍打地面，那你就要注意了，因为做出这样动作的人通常都是很自私的，做什么事都喜欢以自我为中心，而且还有着非常强的占有欲。所以，与这类人交谈的时候要尽量站在对方的立场上思考问题，这样你们之间的沟通就会顺畅很多。

» 与异性交流时，对方不经意抚摸自己的腿

当我们与异性交流时，如果对方总是不经意地抚摸自己的腿，那就说明他 / 她在向我们传达爱意。

» 将一只脚踝扣在另一只脚踝上

心理学家认为，如果一个人将一只脚踝扣在另一只脚踝上，那就说明此人想要隐藏些什么，可能是某种信息或是情感，行为人想要通过这样的姿势让自己不要将相关信息泄露出去。此外，该动作还说明这时行为人很紧张。

» 将一只脚放在另一只腿的后面

当一个人将一只脚放在另一条腿的后面时，就说明这时候他觉得紧张或是不舒服，不管他的上半身表现得多放松，而脚踝摆放的位置都说明了其内心非常不安。

» 一个女人的脚朝着男人移动

曼彻斯特大学的心理学家毕提通过研究发现，如果一个女人对一个男人动了心，那么她的脚就会不由自主地朝着男人移动。此外，男人在紧张的时候会烦躁地踏脚，而女人在不安的时候双脚则会静止不动。

» 不自觉地抖腿

如果在与人交谈的过程中，发现对方一直在不自觉地抖腿，那就表示这个人长期处于紧张、焦虑的状态下，而产生了一种"不舒适"感，这个时候通过抖腿来缓解这种心理上的不舒适，又或是通过这种动作来阻止内心消极、负面情绪的爆发。换句话来说，就是一个人在抖腿的时候他的内心是"不舒服"的，它表现了内心的烦躁与紧张或

是恐惧，一个人双腿抖动得越厉害，就说明其内心越不平静。

不过也有研究表明，一个人在兴奋或是内心得意的情况下也不会不自觉地抖腿，所以有时候抖腿还可以表达内心的兴奋之情。

有意思的是，男人与女人在做出这个动作时所表达的含义有着巨大的差异。男性双脚抖动是为了消除心中的不满或是紧张；而女性抖动双脚则是一种身体放松的标志，因为在一种良好的谈话氛围中，女人通常会放松紧绷的神经，这时候双脚就会自由地抖动。而当她突然停止抖动双脚时，就说明她现在心理上不舒服，或许是有人说了一些她不爱听的话，又或是突然转换了话题。

» 女性将一条腿缠在另一条腿上，两条腿向同一面倾斜

在社交场合，当一名女性将一条腿缠在另一条腿上，两条腿向同一面倾斜时，就说明她是位优雅的女性，而且非常重视自己的形象，还很在意他人对自己的印象。

» 一只手或两只手放在腿上，并沿着大腿一直向下搓到膝盖附近

如果一个人在与人交流的过程中将一只手或是两只手放在腿上，然后沿着大腿一直向下搓到膝盖附近，这样的动作可能只会做一次，也可能是反复做多次。那就说明这个人的内心正处于一种紧张的状态中，而做这样的动作对其消除或是减轻紧张感是有帮助的。

» 双脚紧紧靠在一起

我们在与人交流的过程中，如果发现对方双脚紧紧靠在一起，那就说明其内心非常紧张。该动作大多出现在陌生的环境以及与陌生人的交谈中，比如当我们去一家公司面试，在陌生的会议室与陌生的面试官聊天时难免会产生紧张、不安等负面情绪，这时候我们的两只脚就会很自然地紧靠在一起。

此外，研究发现该动作其实是一种自我保护动作，当一个人做出这样的动作时，表明其内心已经关上了。这样做是为了保护脆弱的心灵不受伤害。

不过，双脚紧靠在一起并不是只代表一种含义，其实在不同的情况下它所表达的意思也各不相同。

比如，当一个人双脚交叉紧靠的时候，就说明这个人正处于压抑之中，而做出这样的动作是在暗示自己不要泄露情绪。所以，当我们发现有人做出这样的动作时，最好不要直接去问他，这样是问不出答案的，而是应该先想办法缓解其内心的压抑情绪，让其逐渐放松，只有这样才能打开对方的心扉。

当一个女性双脚紧靠时其实是在防御，而且这种动作通常出现在抵御男性的时候。所以当我们与一名女性交流时，如果对方在做出这样的动作的同时又表情冷漠，也没什么话，那就说明她对我们一点兴趣也没有，甚至是厌恶。这个时候最为明智的选择就是安静地走开，但是如果她面色红润，还有一点害羞，我们就可以主动与其交流，用这种方式解除其内心的防御。

不过，也有心理学家认为，有人在做出双脚紧靠的动作时内心其实是很自在、舒适的，比如当我们坐在沙发上看电视的时候，就经常会做出这样的动作。所以，在解读这个动作时还是要全面观察对方的肢体动作、面部表情以及所处环境。

脚尖动作背后的含义

【心理学故事】

杨峰今年 30 岁了，一年前失恋了，很长一段时间都走不出来，家里给他安排相亲他也不去，还公开说自己已经做好了孤独终老的准备。不过后来随着心情的慢慢恢复，他看着周围的人都是成双成对的，心里就觉得很孤独，于是他又动起了找女朋友的心思。

家里人看他心情已经完全恢复了，就又开始张罗给他找对象的事。从那时候起他的所有业余时间都用来相亲了，结果来来回回见了十几个，居然没一个合适的，最重要的是家里人给找的相亲对象年龄都和他差不多，而他想要找一个比自己小一些的，这就难办了。

那段时间杨峰都快绝望了，难道自己真的没人要了？于是他过得很颓废，自信心受到严重打击。这天下午，大姑给他打电话说想给他介绍同事的女儿，他一听本能地就想拒绝，实在是没信心了，可一想大姑也是为了自己好，就问大姑对方的情况。大姑就说这姑娘今年 27 岁，在一家公司做会计，人挺漂亮的，是独生女，性格也不错。

一听姑娘比自己小，他就问大姑，有没有把自己的情况给人家姑娘说。大姑说，和姑娘说得很清楚，人家愿意和你见面聊聊。一听对方愿意和他聊聊，他就说能不能先发个照片看看，大姑就给他发了照片，一看还真是挺漂亮，于是他马上来劲了，就和大姑说好了跟姑娘见面的时间。

到了约定的那天，杨 峰把自己精心捯饬了一番，然后就去约定地点了。见了面他发现姑娘比照片上还要漂亮一些，不过好像稍微有点拘谨，不过这都是正常的。况且虽然姑娘拘谨，可他却是个自来熟，于是他就以这天的天气为切入点和姑娘聊了起来，慢慢地，姑娘不那么拘谨了，也开始问他一些问题，他都是老老实实地回答。看得出来姑娘对他的回答还是挺满意的，因为这时候姑娘的整个身体都朝向他，虽然还扭着身子。

一些常规的话题聊过之后，他又聊起了兴趣爱好，没想到他和对方都喜欢历史，于是越聊越嗨，这时他发现姑娘不但将身子扭了过来，就连脚尖都对着自己了，这下子他别提多高兴了，因为他知道这样的动作代表姑娘已经对自己产生了好感。

聊累了之后他们就一起吃了个饭，吃过饭后他提议说一起去看电影，姑娘想都没想就同意了。

【心理学家分析】

英国的心理学家莫里斯在一项研究中发现了这样一个有趣的现象：距离大脑越远的部位，所做出的动作可信度越大。所以他认为脚要比脸诚实得多，而脚尖的变化又透露着人们不同的心理。

» 脚尖勾起鞋子，轻轻摆晃

当一个人轻松自在的时候，就会不自觉地用脚尖勾起鞋子，轻轻地摇晃。女人尤其爱做这种动作，尤其是与闺密在一起闲聊时。

» 脚跟着地，脚尖指向天空时

在与人交流的时候，当我们看到一个人脚跟着地，脚尖指向天空时，大多会认为这是一个无关紧要的动作。不过心理学家却表示：这样的动作表示行为人一定是听到了让他高兴的事。

» 一个脚尖离地

我们在与人交流的过程中，如果发现对方一个脚尖离地了，那就说明他想要展现自己的权威或是自豪，这个时候就不要贸然去挑战对方的权威，要以一个倾听者的姿态去品味他所说的话。这样做不但可以满足对方的虚荣心，还能获得他的好感。

当然，有的时候脚尖离地其实只是一种好奇心的表现，比如当人们想要看热闹时，挤在外边的人就会踮起脚尖往里看。所以具体问题还是要具体分析。

» 脚尖的朝向

通常情况下，我们会将脚尖转向自己所喜欢的人，所以当我们与自己喜欢的人在一起的时候，不仅身体会朝向对方，就连膝盖和脚尖也会朝向对方。而这样的动作同时还是一个防止别人挤进你们中间的防御性姿势。

所以，当我们在生活中看到两个人虽然都在笑着谈话，但是脚尖却各朝一方的时候,那就可以判定这两个人的关系并不像表面上那么和谐。

了解了这个规律后,对我们的相亲也会很有帮助。相亲的时候如果对方对我们有好感,那就一定会用脚尖对着我们;如果在聊天的过程中对方的脚尖一直朝着其他方向,而且中途还起身上卫生间的话,那就表示对方对我们并没什么兴趣。这样的话,我们就不需要再浪费时间了。

此外,通过这个动作,我们也可以判断出对方是不是真的愿意与我们交流。如果我们与一个人交流的时候,对方的脚尖原本是朝着我们的,但是却突然将脚尖移开,那就说明很有可能是他无法接受我们的观点,又或是我们在不经意之间说了一些冒犯他的话。这个时候我们应马上结束当前的话题,停下来征询对方的意见。

当我们与人交流时,虽然对方很有礼貌地与我们谈话,但是脚尖却朝着别的方向,那就说明他想要离开,而且脚尖朝着的方向就是他想要去的方向。

» 不断地用脚尖点地板

当我们与人交流的时候,发现对方不断地用脚尖点地板,那就表示他在向我们发出警告,警告我们不要再靠近他,否则他就要对我们不客气了。所以当对方做出这样的动作时,我们最好是原地不动,不要继续侵犯对方的领地。

» 坐在椅子前端,踮起脚尖

当我们与人交流的时候,如果对方坐在椅子的前端,踮起脚尖,表现出一种殷切的姿态,那就说明对方是愿意与我们合作的。如果我们能好好把握这个机会,那双方就很有可能会达成互利互惠的协议。

与膝盖有关的秘密

【心理学故事】

张路是一家报社的记者，大学毕业后他就进入这家报社工作，到现在已经 6 年了，一直都非常有干劲，而且也会说话。所以社里的领导都挺喜欢他，有什么重要的工作都会想着他，有什么重要的事情也会征求一下他的意见。

最近社里打算搞一次以"中秋团圆"为主题的大型综合报道，报社领导要求这次报道一定要搞出新意，不能千篇一律，而且还特别说明这次的报道与年终的奖金，甚至是升职挂钩。这样一来，但凡是有点上进心的人都开始积极开动脑筋，想着做出有新意的报道策划，张路自然也不例外。

经过一段时间的思考和调查后，他对于这次的报道有了一套整体的想法，而且他也很有信心能够得到社里领导的认可。于是就在一个午后，他敲开了社长办公室的门，简短说明来意后他就滔滔不绝地向社长介绍起了自己的想法，可是没想到社长对他的回应却少得可怜。

他想这下坏了，辛辛苦苦做了这么多，社长居然根本就不感兴趣，这可怎么办？正当他暗自神伤的时候，却偶然发现社长的两只手按在膝盖上，这时候他大脑中灵光一闪，想起自己最近看的那本心理学的书上写着，双手按在膝盖上是想要离开的表现，可能是有更重要的事情要做。想到这里，他就知道社长并不是对自己的策划案不感兴趣，而是有更重要的事要做，所以心思根本就不在这上面，这样的话自己再讲下去也没有意义。于是，他就对社长说："您应该是还有重要的事情要做吧？要不今天我就先给您汇报到这里，等您哪天有时间了我再来给您汇报。"

社长听了，说："真是不好意思，我还真是有点事要去办，要不你先去忙吧，等我忙完了手头的事会去找你。"听社长这么说，张路连忙笑着答应，然后就离开了。

过了一天，社长果然主动找他聊报道的事，这次社长听得很认真，还不时提出一些建议和问题。最后张路关于这次报道的一些想法得到了社长的认可，他后来也因为这次报道受到了报社的奖励。

【心理学家分析】

故事中出现了与膝盖有关的动作，在日常生活中与膝盖有关的动作貌似并不常见。可是不可否认的是我们的膝盖也隐藏了很多秘密，如果我们认真观察的话，就会有很多意想不到的发现。下面，就让我们来了解一下与膝盖动作有关的心理秘密：

» 双手交叉放在膝盖上

当我们与一个人谈话时，如果对方还没有做出最终的决定，那么就会很自然地出现双手交叉、放在膝盖上的动作。心理学家认为，这是一种中立的姿势，表明行为人现在正处在观望之中。当我们看到对方做出这样的动作时，就应继续谈下去，直到对方同意我们的要求或是接受我们的观点。

» 双手按住膝盖

如果在谈话的过程中发现对方做出了双手按住膝盖的动作，那么我们最好是马上结束自己的谈话，因为这样的动作表明他的大脑已经做好了结束谈话的准备，他很可能有更为重要的事情要做。心理学家认为，通常紧跟这个动作之后的动作或姿势是身体前倾或是身体放低，转向椅子的一侧。当我们注意到这些动作，尤其是自己的领导做出这些动作时，就一定要及时结束自己的谈话，千万不要拖延。

» 十指交叉放在膝盖上

当我们与人交谈时，假如对方先是把头转开，并且还慢慢地将身体转开，下意识地十指交叉在一起，然后放在膝盖上。如果对方出现了这样的动作，那就说明对方觉得很无聊，所以当我们发现对方做出这个动作时，最好停止正在进行的谈话。

Part6

不同姿势暴露你的内心

在社交场合与他人交流时，如果我们想要从对方身上获取更多的信息，不妨仔细观察对方的坐姿动作，就能看透对方的心理活动，从而在沟通的过程中掌握主动。

行走姿势暴露真实个性

【心理学故事】

郑芳今年 30 岁，单身，在此之前，很多朋友都曾给她介绍过不错的男生，但郑芳与其相处不到两天总是能找出万般理由，结果都以失败告终。可最近，有不同的朋友给她介绍了两个男生，与他们相处一段时间后，郑芳陷入了两难的境地。原来，这两个男生都比较优秀，而且对郑芳也都很关心和体贴，这让她不知该如何选择。

于是，她向做心理咨询师的闺密讨教，希望对方能够给她支个招。当闺密得知具体的情况后，安慰她道："这个问题不用发愁，我会帮你轻松解决的，只要你下次再与他们俩见面时带上我就行。"听闺密这样说，郑芳顿时感到轻松了不少。

恰好这周末郑芳没有其他事，便约了两个男生一个在上午见，一个在下午见。当郑芳带着闺密见了两个男生后，在她们回去的路上，闺密对郑芳说："不要犯难了，你可以选择与第二个男生继续交往，第一个男生就算了。"郑芳非常不解地问："为什么呢？"

闺密慢条斯理地说道："虽然两个男生看起来相貌不错，而且对你也很体贴，但你有没有注意到第一个男生走路时会踮脚，而且整个人看起来一颠一颠的。一般来说，这类人往往比较自信，做事很有主见，不喜欢服从他人，甚至有时候有点自我。不过，值得肯定的是，他在某一个领域可能是一个佼佼者。"

郑芳频频点头回应道："确实如此，他在设计方面很有才华，他的很多作品都曾得过奖。与他交往一段时间，确实发现他很有主见，稍微有些小自我，不太容易听进我所说的话。"

接着，闺密又分析道："我之所以让你选择与第二个男生深入交往，是因为我发现他在走路时比较快，而且上臂摆动的幅度比较大。一般来说，这类人做事较为认真、负责，虽然脾气有些急，但为人直爽、大方，说话做事都很直接，而且会很有计划地做事，从来不会做没有把握的事。"

郑芳一边点头一边回答："是啊，与这个男生相处起来的确很舒服，他从来都是有什么说什么。上次与他的几个朋友出门旅行，他事先就做好了计划和攻略，所以我们几个人玩得很开心。"后来，郑芳听从闺密的建议，与第二个男生开始了深入交往。半年之后，两个人就步入了婚姻殿堂，而且婚后二人过得很幸福。

【心理学家分析】

在日常生活中，我们仔细观察会发现，每个人走路的样子千姿百态，各有不同：有的人走路时步履轻盈，让人感到对方非常斯文、庄重;有的人走路时步伐矫健,给人一种健壮、精神抖擞之感;有的人走路左右摇晃,则会让人对他产生一种厌烦之感。心理学家表示,行走的姿势不仅能彰显出一个人的风度和教养,还能暴露出一个人的内心活动和真实个性。

下面,我们就来看看哪些走路姿势能够反映出人们的心理状态和性格特征。

» 走路时头部低垂,肩膀耷拉着

心理学家分析,当看到他人走路时头部低垂,肩膀耷拉着,而且步伐无精打采,表明对方内心非常沮丧。所以他在走路时总是低着头,眼睛往下看,很少会抬头看自己朝哪里走。比如,小齐在考科目二倒车入库时,由于压线没有合格,从车上下来后,他低着头,肩膀耷拉着,无精打采地往前走。

» 走路比较慢,身体稍微向前倾

心理学家分析,当我们发现一个人走路比较慢,身体稍微向前倾时,表明此人的脾气比较温和,喜欢过稳定、安逸的生活,不会考虑得太长远,喜欢活在当下。不过,这类人有时候会给人一种不求上进、懒散之感。

» 走路时习惯用脚尖

心理学家分析,如果一个人走路时习惯用脚尖,表明对方的内心比较胆怯,所以才会用脚尖走路。这类人通常有点驼背,而且不会侵犯他人,因为他们走路时太安静了,所以其他人几乎听不到他们走进房间的脚步声。比如,与小章同宿舍的一个室友每次进宿舍时，大家都没有发现他，因为他总是用脚尖走路，而且步伐非常轻。

» 走路时一步一回头

心理学家分析，如果一个人走路时一步一回头，即每走一步都会回头看一眼，表明对方心存顾虑、担心或是对某些事情依依不舍，抑或是遇到了让自己心动的人，所以才会每走一步都回头看一眼。

» 走路时跳跃着往前走

心理学家分析，走路时跳跃着往前走，即每跨出一步身体都会向前倾。这表明此人的内心中充满了欢乐，对刚刚发生的事情还意犹未尽。一般来说，这种走路姿势常常在阳光明朗的少年身上看到。比如，刚刚参加完歌唱比赛的小陆回家时，一边跳跃着往前走，一边哼唱着比赛时的歌曲。

» 走路时比较慌张

心理学家分析，走路时比较慌张则表明此人的内心比较脆弱，而且缺乏主见。如果是女性的话，则表明对方的性格有些优柔寡断；如果是男性，则表明此人比较喜欢吹毛求疵。

» 走路时喜欢闲逛

心理学家分析，一个人走路时喜欢闲逛，表明此人为人比较乐观，不会被压力所击倒和压垮。这类人总是会抽出时间让自己放松，所以活得非常轻松、自在。

比如，何峰在走路时喜欢闲逛，面对困难和挫折时他总能乐观以待。即使现在他创业失败了，而且还要面临养家的压力，但他依然会抽出时间来让自己放松一下。

» 走路比较轻且稳

心理学家分析，如果一个人走路比较轻且稳，表明此人心思比较细腻，而且喜欢思考，对自我要求比较高，不管做什么事都喜欢追求完美。一般来说，这类人往往有艺术家和思想家的潜质。

» 走路比较缓慢

心理学家分析，如果一个人走路时比较缓慢，表明对方可能年纪比较大或是身体状况不太好，抑或是内心比较消极，即使前景比较乐观，但这类人总是看到不好的一面。

比如，杨勒在走路时较为缓慢，当他遇到问题时总是消极地面对，最近他参加自学考试，报了 4 门课只过了两门。因此，他便消极地认为自考相当难考，自己不知要考多少年才能过完这些科目。最终，他便放弃了自考。

» 走路习惯踱方步

心理学家分析，走路习惯踱着方步，即步态显得比较沉着稳重，表明这类人在面对困难和挫折时会保持清醒的头脑，不会被其他事物影响自己的判断力和分析力；他们往往不愿微笑示人，认为这是做人的标准，虽然让其他人对他们很敬畏，当他们独处时内心却有些凄苦。

拍照姿势映射他人内心

最近，顾勇所在的技术部门新来了一位职员小李，他是一个大学毕业生。可他到公司已经一个多月了，大家除了知道他的名字，对他的情况并不是很了解，因为他不怎么爱说话，总是喜欢独来独往。

有一次，小李做网站改版，在写后台代码时出现了一点问题，导致网站前台的一些栏目显示出现了错误。于是，顾勇便找他了解一下具体的情况。他问小李："你在写代码时是不是出错了？你看，网站前台有的栏目出现了问题。"可小李却说不出所以然来，这让顾勇感到与他沟通太难了。最后，顾勇只好仔细地查看了小李所写的代码，发现确实是他写代码时写错了，所以才导致前台的栏目显示不出来。

近日，在公司举办的一次茶话会活动中，顾勇发现小李一直默默地坐在最靠后的位置。当大家都在积极发言的时候，小李却低着头，不说一句话。部门领导见此状，便点名道："小李，你不要老坐在那里默不作声，也说两句吧。"当他被点到名字后，怯懦地站了起来，支支吾吾说了两句，但谁也没有听到他讲的是什么。领导见此状也不再难为他，只好示意他坐下。

在活动结束后，领导提议全员和各个部门进行合照。于是，顾勇便张罗部门人员到指定的位置去拍照。而在拍照时顾勇发现小李拍照的姿势非常僵硬，只见他双手下垂，一会儿微握着拳头，一会儿又将双手贴着裤缝边，背部挺直，身体看起来非常僵硬。

对此，顾勇猜测，这表明小李可能有些不自信或是担心被其他人看不起；虽然他的内心可能很关注他人的看法，但因为性格内向而喜欢独来独往，而且无法与他人正常沟通。这一点顾勇也是深有体会，和他同部门这么久，每次与他沟通都比较难。

【心理学家分析】

在日常生活中，当人们去外地旅行或是看到不错的风景时，都会拍很多照片以作留念，而且还会对照相时的姿势和表情进行一番设计。不过，仔细观察我们会发现，很多人不管置身于什么样的背景下都会摆出类似的姿势。心理学家表示，其实，除了根据摄影师提示而摆出的姿势外，人们经常做出的拍照姿势往往能够映射出一个人的内心状态和真实个性。

那么，有哪些拍照姿势能够暴露出人们的内心秘密呢？在此，我们就来看看心理学家是如何为我们分析、总结的。

» 拍照时喜欢摆剪刀手

心理学家分析，拍照时习惯做出这个动作的人性格大多比较天真烂漫、开朗、善良，从照片中就能感受到对方的热情。也正因为如此，他们很容易让人亲近和喜欢，并且会有不错的人际关系；只要面对镜头，这类人不管是开心还是不开心，都会做出一个灿烂的笑容或是歪着头微笑，给人一种青春的气息；但平时他们不喜欢掩饰自己的情感，开心就笑，伤心就痛哭。

另外，他们在拍照后会将其发在朋友圈，并喜欢用照片来记录生活，分享自己的喜怒哀乐。

» 拍照时双手抱于胸前

心理学家分析，拍照时习惯做出这个姿势表明当事人有一种自我保护、鼓励、支持之意，往往没有什么攻击性。一般来说，这类人在事业上可能刚刚起步，但对未来充满了信心。

比如，方桐在拍照时习惯将双手抱于胸前。虽然他现在刚刚开始创业，朋友都对他的创业之路表示担心，但他反过来安慰其他人，表示自己有信心做好，毕竟在创业前期他做了大量的调查和准备。

» 拍照时只是立正站好，双手下垂，没有过多的动作

心理学家分析，拍照时习惯做出这种姿势的人大多性格比较腼腆，不善言辞；与人交往时，不会轻易向他人展露自己的内心，尤其是对陌生人，他们往往有防御和抵触的心理，属于慢热类型的；虽然外表看起来比较拘谨，但实际上有丰富的情感，内心比较细腻。他们之所以会与陌生人保持距离，是因为想要建立好感和信任后再展露自己的真性情。

一般来说，这类人不管是单独拍照还是与朋友合照，他们的姿势都是比较安静的，也不会与其他人抢镜，更不喜欢在朋友圈中晒自己的照片。

» 拍照时双手叉腰或是单手叉腰，另一只手扶着某个物体

心理学家分析，拍照时习惯做出这种姿势，并且还出现下颚抬起、眼神坚定的表情，则表示这类人有很强的自信心，做什么事都比较有把握或是有控制欲；人生阅历比较丰富，其事业可能正处于兴盛时期。

比如，老杨是一位声望很高的教授，经常会在学术方面获得很多奖项，在拍照时他总是喜欢单手叉腰，另一只手扶着墙壁，而且下颚抬起，眼神非常坚定地看着镜头。

» 拍照时用小道具或是其他物体来遮住面部，只留下模糊的侧脸

心理学家分析，习惯这种拍照姿势的人往往想要营造出一种朦胧的美感，这表明此类人大多比较浪漫，热爱生活，善于发现生活中的美好事物，并且喜欢旅行和阅读等，有着非常广泛的兴趣和爱好，总能将兴趣当成一项事业进行钻研；这类人天生就有艺术和审美的天赋，而且非常有品位。

另外，这类人大都是完美主义者，不管是生活还是工作都能打理得井井有条。同时，他们也相当自律，会一丝不苟地管理好自己的身材和外貌。在感情方面，他们会勇敢而大胆地追求中意的对象，即使最后未能如愿，他们也不后悔。

» 拍照时身体僵硬，双手下垂，手微握拳或贴着裤缝边，背部挺直或是稍微内收

心理学家分析，习惯做出这种拍照姿势的人大多缺乏自信或是担心被他人看不起；在他们内心是非常关注其他人的看法的，但由于性格内向，总是喜欢独处，所以与他人沟通比较困难；参加集体活动时，这类人总是坐在最靠后或是最靠边的位置，除非被点名才会说几句话，否则就只是默默地坐在角落里。

» 拍照时习惯肢体舒展，看起来自然而放松

心理学家分析，这种肢体舒展的姿势是指在面对镜头时开怀大笑、伸展着双臂或是欢快地跳起来等。习惯做出这种动作的人性格大多比较随性、洒脱，喜欢追求自由而不被束缚的生活；从他们拍照的姿势就能看出其不造作、真实的一面，可以说，这类人的生活就像是在镜头下那样始终如一。

在社交场合中，他们从来不会在意他人的目光，认为只要做好自己就行；由于他们的性格比较爽朗，不会拘泥于一些细枝末节，所以，其表达方式也比较直接。另外，这类人比较喜欢追求新鲜的事物，喜欢各种户外运动，所以他们的生活总是非常丰富多彩。

因此，与人交往时，如果我们想要更多地了解对方，想要知道他人的真实个性，不妨仔细观察他们在拍照时的姿势，从这些姿势中就能读懂对方的真性情。

点头哈腰是表示迎合

【心理学故事】

曹彬与宋坤是同一时期进入一家公司的，虽然他们两个人来自不同的学校，所学的专业也不一样，但最后却进入了同一个部门。这让曹彬很奇怪，难道现在公司选人都不再看专业了吗，还是宋坤的实力比较强呢？纳闷归纳闷，由于两个人是同一时期进公司的，而且宋坤看起来非常憨厚老实，所以曹彬一直将宋坤当作朋友相处。

在公司半年之后，曹彬在工作中一向都是尽职尽责，而且做得很出色，但每次晋升都没有他的份儿。而宋坤并没有什么特别的能力，做事也比较马虎，可半年之后，他却成了部门主管。这让曹彬更加纳闷了，难不成自己没有发现宋坤的过人本领吗？

有一天，当曹彬去找领导汇报工作时，刚走进门，就听到领导对宋坤说："你工作要多上些心了，与你同期进来的曹彬，工作很努力，但碍于你是我朋友介绍过来的，所以对你特别的照顾，很多机会本该属于他的却给了你，所以你可不要给我丢面啊。"只见宋坤立刻频频点头哈腰地回答道："是，是，您说的是，我一定会更加努力的。"

此时的曹彬才恍然大悟，原来宋坤是靠关系进来的，难怪专业不对口却能顺利地进入了这家公司。当他看到宋坤点头哈腰的姿势，也明白了他是一个很会迎合他人的人，同时，他也推测这种人是不能得罪的，表面上看起来比较憨厚老实，但背地里很可能会对他人使阴招。

之后，曹彬依然认真地完成领导交给他的任务，但他不再在意是否能够晋升，只求把自己职责范围内的事情做好就行。与此同时，他也渐渐疏远宋坤，除了工作上的一些事务，不再与其有过多的接触。

没过多久，曹彬就听闻与宋坤有竞争关系的一位部门主管被公司开除了。很多同事议论纷纷，都声称是宋坤在背后使了阴招，才导致对方被开除了。而那位同事离开公司没多久，他的事务都被宋坤全权负责。此时，曹彬更加确认宋坤阴险的一面。

【心理学家分析】

在日常生活中，我们可能会看到这样的情景：当领导给下属下达命令或是部署工作时，总是一只手叉在腰部，另一只手指挥着；如果两个人发生争执时，有的人会习惯将双手插在腰上；当倾听他人的讲话时，有的人总是会频频点头，并且弯着腰。那么，这些不同的腰部动作有哪些含义呢？在此，我们就来看看心理学家是如何为我们总结的。

» 点头哈腰

心理学家分析，与人交谈时，习惯摆出点头哈腰这个姿势往往是在迎合他人，而且这类人是不能得罪的，否则后果不堪设想；表面上看来他们可能比较憨厚老实，可一旦触及对方的利益，他们就会露出狰狞、阴险的一面。比如，上文中提及的宋坤就是表面看起来老实，但喜欢在背后使阴招的人。

因此，心理学家建议，与这类人交往时，千万不要被对方的假仁假义所蒙蔽，以免我们信任对方后，却被对方背后猛插一刀。

» 单手叉在腰部

心理学家分析，叉腰是一种支配性的动作，表现一个人的控制欲。习惯单手叉在腰部的人往往会给人一种潜在的威胁，会让他人产生一种高大的错觉。同时，这个姿势也让周围的人感到很有气势。

比如，身为总监的高焕每次给下属布置工作时，总是单手叉在腰部，另一只手则指向各个员工，为其分配各项工作。

» 双手叉在腰部

心理学家表示，双手叉在腰部也是一种支配性的动作，它比单手叉腰的效果更加明显。在不同的环境中，它往往有不同的含义。

当人们遭遇困难和挫折时，有的人会采用双手叉腰的姿势，这表明当事人内心非常不悦，并且有不服输之意，同时也传递出一种永不言败的信念。比如，肖丽参加羽毛球比赛时，由于太过大意，连输两球，这让她很不开心，只见她将球捡起来后，双手叉在腰间，深呼吸调整自己的情绪。

当人们彰显自己的权力时，也会采用双手叉腰的姿势，这表明对方想要给他人制造一种威风凛凛的印象，以显示自己的地位和权力。比如，当夏敏去找某个部门的领导盖章时，进入办公室发现好几个人都在房间里，但她注意到其中有一个人双手叉着腰站在人群中，这让夏敏顿时明白对方可能就是自己要找的人。

当人们表达自己对其他人的好恶时，也会采用双手叉腰的姿势。身处于社交场合中，如果人们对旁边的人不甚喜欢，就会不由自主地采取双手叉腰的姿势，以与对方保持距离；如果对一边的人比较有好感，则会下意识地放下这边的手臂。

不过，有时候双手叉腰也有让自己看起来更有精神的意图，比如在拍照时，有的人会习惯做出这个动作。因此，心理学家建议，在生活中，我们不要刻意地解读这些姿势，而是要根据实际的环境，结合具体的情况来分析，才能更准确地判断这些姿势的真正含义。

除此之外，腰部动作还会在女性身上有充分的表现，它常常会通过无声的线条来表达，比如在日本，当地的女性在见到他人后会弯腰行礼，这个姿势将其柔美、温顺的一面展现了出来。

有心理学家经过研究还发现，当女性做出抚腰这个动作时，往往是在表达一种自我安慰；如果有的女性喜欢扭腰，并让其呈现出S型，则表明对方是在吸引异性的注意；当女性对异性做出仰腰这个动作时，则表明当事人对那名异性非常信任和尊重。

坐姿背后的秘密

【心理学故事】

最近，徐燕所在的公司来了两位新同事，一个是名牌大学的毕业生小刘，一个是毕业于普通大学的小孙，她们两个人都进入了徐燕所在的部门。起初，徐燕与她们刚接触时，感觉两个人的工作能力都比较强，做事都很认真。尤其是小刘，看起来给人一种亲切感，让人很想与其亲近。可一段时间过后，徐燕从二人的坐姿和深入交往中发现了她们的不同之处，对她们的看法也有了改变。

有一次，当徐燕部门召开会议时，徐燕发现小刘坐在椅子上时习惯将右腿叠放在左腿上，两只小腿靠拢，双手则交叉放在腿上，看起来似乎很温和，让人愈发想与其亲近。于是，徐燕就靠近小刘，想过去跟她攀谈。可是，小刘却一副爱答不理的样子，眼睛看向别处，似乎不把徐燕放在眼里。

没过多久，徐燕也听闻其他同事都对她议论纷纷，有的同事说："没想到她这么表里不一呢，表面上看起来很温和，可其实并不是那样。每次找她办事，她都表现得很冷漠。"还有的同事嘲讽道："是不是因为名牌大学毕业的，所以才让她有高傲的资本呢？"更有同事表示，与她共事时发现，她总喜欢耍一些小心机。所以，小刘在公司不到一个月，很多同事都不愿与其深入交往了。

而与小孙接触一段时间后，徐燕发现她做事很踏实、努力，为人也非常谦虚，而且很会替他人着想，虽然她的性格有些内向，但同事却非常喜欢与其交往，徐燕也是如此，很愿意与她成为朋友。有一次，她在工作上表现得很出色，当同事都对她称赞不已时，她谦虚地说："我要学习的东西还有很多，希望以后大家多多指教。"

后来，徐燕观察到小孙在坐着时习惯将两腿和两脚跟紧紧地并拢在一起，两只手放在两个膝盖上，坐姿非常端正。这种坐姿就像她做人一样，为人很正派，坚信"一分耕耘，一分收获"，所以做人做事总是脚踏实地。

【心理学家分析】

心理学家经过研究发现，坐姿往往能够暴露人们的性格特征，如果我们仔细观察一个人在日常生活中的坐姿，就可以判断出对方的心理活动和真实个性。比如，在《智取威虎山》中，当杨子荣去见坐山雕时，看到对方跷起二郎腿，端坐在椅子上时，有着多年侦查员经验的杨子荣判断对方这样的坐姿是一种居高临下的优势，是想要通过这种气势来给自己下马威，以探听自己前来的目的。

在日常生活中，我们会发现人们在坐着时有各种各样的姿势：有的人在落座时喜欢双腿并拢，有的人在坐着时喜欢将腿叉开，还有的人喜欢跷着二郎腿坐。那么，这些不同的坐姿反映出人们怎样的内心状态呢？对此，心理学家为我们总结出以下内容：

» 坐着时习惯将大腿分开，两脚后跟并拢，两手放在肚脐的部位

心理学家分析，习惯这种坐姿的人大多比较有勇气，而且很有决断力，一旦他们决定做某件事情，就会立刻采取行动并实施；他们喜欢追求新生事物，也勇于承担责任；这类人往往有一种无形的震慑力和气魄，虽然很多人并不是真心尊重他们，但会被其气场影响到。

在爱情方面，当他们对异性产生好感时，就会积极主动地表白。不过，这类人的占有欲比较强，总是喜欢干涉恋人的生活。

比如，周博在坐着时习惯将大腿分开，两脚后跟并拢，两手放在肚脐的部位。最近他在图书馆上自习时经常碰到一个女生，他对那名女生心生好感，没过多久，他就主动向对方表白了。可是，在他们俩相处一段时间后，女生发现他控制欲太强了，经常干涉自己的生活。因此，两个人经常会因为这件事而发生争执。

» 坐着时习惯将左腿交叠在右腿上，双手放在腿的两侧

心理学家分析，习惯这种坐姿的人往往比较有自信，坚信自己对某件事情的看法；这类人很有才气，在日常生活中也有很强的协调能力，所以，总喜欢充当领导的角色。不过，当他们完全沉浸在胜利中时，会有一些得意忘形。

» 坐着时习惯将两腿和两个脚跟并拢在一起，两手放在膝盖上

心理学家分析，习惯这种坐姿的人大多性格比较内向，而且为人谦虚；喜欢为他人着想，所以身边会有不少朋友；在工作中，这类人往往比较踏实、努力，喜欢埋头苦干；他们为人如同其坐姿，正派，坚信"一分耕耘，一分收获"，不喜欢那些夸夸其谈的人。比如，上文中提到的小孙。

» 坐着时习惯将两腿分开而且距离比较宽，两只手随意放着

心理学家分析，习惯这种坐姿的人大多喜欢追求新奇的事物，总是做一些他人不能做的事情；这类人很喜欢与人交往，总是微笑示人，对他人的指责和批评不会放在心上，所以人际关系不错。

比如，王明在坐着时总是喜欢两腿分开而且距离比较宽，两只手随意放着。虽然表面上看来他有些放荡不羁，但与其接触后，很多人都感觉他为人不错，因为他从来不会将他人的批评放在心上，而且对人总是一副笑容可掬的样子。

» 坐着时习惯右腿叠放在左腿上，两小腿靠拢，双手交叉放在腿上

心理学家分析，习惯这种坐姿的人表面看起来很温和，让人看了很想与其亲近，但实际情况却相反。当有人找他们说话或是做事时，他们就会表现出一副爱答不理的样子，这往往会让人产生一种错觉。其实，这类人的性格就是这样，比较冷漠，而且还会耍一些小心机。比如，上文中提及的小刘。

» 坐着时习惯两腿和两脚跟并拢靠在一起，十指交叉放在腹部

心理学家分析，习惯这种坐姿的人大多为人比较古板，总是不愿接受他人的意见，有时候明知道他人说的是对的，他们也不肯接受；这类人常常会因为工作压力过大而缺乏耐心，有时候会显得非常厌烦，甚至会产生反感；他们总是喜欢夸夸其谈，一旦遇到困难和挫折，就会缺少坚持不懈的精神。

比如，文婧在坐着时习惯两腿和两脚跟并拢靠在一起，十指交叉放在腹部，认识她的人都知道，她总是不愿接受他人的意见。有一次，她要坐较早的一班火车去外地，有朋友建议她坐地铁比较快，而且不堵车，可她明知道朋友说的是对的，但就是听不进，宁愿多睡一会儿打的过去，结果被堵在了路上，最后只好改签另一趟车，而且还耽误她不少时间。

» 坐着时习惯半躺着，并且将手抱在头后面

心理学家分析，习惯这种坐姿的人大多性格比较温和，与很多人都相处得不错；善于控制自己的情绪，所以获得朋友的信赖；他们不管做什么事都比较得心应手，这是因为他们的毅力比较强，所以在某些方面很容易成功。

另外，在一个人落座后，其姿势并不是保持不变的，通常会有意无意间做一些动作，而这些动作也能反映出人们的内心活动和性格特征。

» 落座后总是转着头打量周围

心理学家分析，落座时习惯做这个动作，表明这类人意志比较薄弱，做错了事就会找很多借口为自己开脱，难以担当责任。

比如，晓星与相亲对象见面时，对方在落座后不时地转着头打

量周围，这让晓星不禁对他有些反感，因为她知道这类人在做错事后总会有一大堆理由为自己开脱，不愿承担责任。所以，后来晓星就不再与其见面了。

» 落座后习惯整理衣领以及袖子

心理学家分析，一个人在落座后习惯做出这个动作，表明此人有些自负，很爱面子，并相当在意他人的批评，是个荣誉感很强的人。不过，这类人往往有着敏锐的观察力。

» 落座后喜欢摆弄手指

心理学家分析，与人交谈时，当发现对方在落座后不停地摆弄手指，则表明此人内心有疑惑或是犹豫不决。这种情况大多出现在商议某件事情或谈论有关男女感情的事情时。

比如，方俊与女友约在一个咖啡馆中商量他们的婚事，当女友来了落座后就在不停地摆弄着她的手指。方俊见此状，知道女友内心还有些犹豫。于是，他耐心引导女友，让对方说出心中的犹豫，以让他们之间变得更加坦诚。

» 落座后喜欢盘手交叉于胸前

心理学家分析，当发现他人在落座后做出这个动作时，表明此人做事比较小心谨慎，虽然有些固执己见，但不愿与他人进行争辩，也可能是在那里独自思考。一般来说，这类人反应往往有些慢。

» 落座后眼睛看着膝盖或是脚

心理学家分析，落座后习惯做出这种动作的人大多有很强的自卑感，这可能与他们出身贫苦有关，他们常常会自寻烦恼而遭遇挫折。可这类人不把贫穷当作改变的动力，而是听天由命地接受，让人对他们感到可怜又可恨。

比如，从山区中走出来的小林，虽然在大都市中上学、工作，但他的内心却相当自卑，每次与朋友一起外出吃饭时，他落座后眼睛总是看着膝盖或是脚，不敢与其他人交流。

因此，在社交场合与他人交流时，如果我们想要从对方身上获取更多的信息，不妨仔细观察对方的坐姿动作，就能看透对方的心理活动，从而在沟通的过程中掌握主动。

通过端杯姿势洞察他人个性

【心理学故事】

周末，郭雯与几个好姐妹去酒吧玩乐，这是她们定好的"规矩"：每隔一段时间几个人就相约来酒吧放松一下，以释放生活和工作的压力。不过，她们每次并不多喝，只是点到为止就好。

当她们几个人在吧台旁边喝边聊时，有两个男生走过来搭讪，其中一个男生对郭雯说："不好意思，打扰一下，我们能否请你们几个喝杯酒呢？"郭雯在酒吧见多了这样的男生，大都是因为无聊想与女生攀谈或是想要进一步认识。她看到姐妹们都没有反感，便应允了。

当那个男生让服务生拿来酒，郭雯注意到他在端酒杯时手握着杯柱，而且喜欢将酒杯拿在手中旋转或是摇晃。因此，郭雯猜测对方可能是一个自由散漫的人，善于交际，并喜欢表现自己，很有异性缘。不过，这类人虽然有情趣，但不可靠。

而另外一个男生在拿酒杯时则是双手握着杯子，并不时地把玩着酒杯。对此，郭雯猜测对方表面看起来比较随性、豁达，但实上有很深的城府；对异性往往有很强的占有欲；这种人虽然很喜欢广结人缘，但没有长久的朋友，只有利益上的伙伴。

观察到这里，郭雯与他们有一句没一句地闲聊着。过一会儿，那个手握着杯柱的男生就与其他几个姐妹聊得很热络，而且将她们逗得"哈哈"大笑，还不断地炫耀自己，声称自己多么牛，曾经只身一人在野外生活三天两夜。

没过多久，那个男生向她们提议道："我知道在这附近还有一个不错的酒吧和KTV，我们不妨去那里再玩一会儿吧，到时候我请你们几个。"其他几个姐妹听后略微迟疑了一下，而郭雯则回答道："不好意思，喝完这杯酒我们就该回去了，而且我们还有其他事要做。"对方听闻便不再说什么。

在回去的路上，有姐妹不解地问郭雯："刚刚请我们喝酒的那两个男生我感觉挺不错的啊，讲话很有意思啊，为什么不和他们再进一步地交往呢？"郭雯便将自己所做的观察和推测告诉了对方，姐妹听后频频点头。

没过多久，当郭雯几个人再去酒吧玩乐时，在一个角落中，她们发现那两个男生与几个女生聊得正开心。可没过多久，两个人又端着酒杯找其他女生搭讪了。

【心理学家分析】

心理学家经过研究发现，通过言行举止往往能够洞察他人的真实个性，特别是一些习惯性动作，更能清楚地体现人们的心理活动。比如端酒杯的姿势，在不经意间就会表现出来，只要我们细心观察，就会从中发现对方的个性。

那么，哪些端酒杯的姿势能够暴露出一个人的内心和特性呢？因此，有心理学家为我们总结出以下内容：

» 端酒杯时手持酒杯上方

心理学家分析，端酒杯时手持酒杯上方的人大多不拘小节，而且他们的嗓门比较大，喜欢一边喝酒一边聊天，此时的他们可能正值春风得意的时候。比如，老周端酒杯时习惯手持酒杯上方，喜欢一边喝酒一边聊天。由于他的嗓门比较大，所以朋友找其喝酒时都会找一个包间。

» 端酒杯时手持酒杯中间位置

心理学家分析，端酒杯时手持酒杯中间位置的人待人往往比较大方，而且很有亲和力。由于待人亲切，所以不会轻易拒绝他人的请求，虽然有些时候心里不太乐意，但表面上依然会面露微笑答应对方。

» 端酒杯时手持酒杯下方

心理学家分析，端酒杯时手持酒杯下方的人大多比较善变，非常在意小节，总是很在意他人的眼光。正因为如此，这类人大多有些内向，而且有些神经质；由于这类人情绪多变，所以一旦有不开心的事情就会显现在脸上，从而给其他人带来不快。

比如，丫丫在端酒杯时习惯手持酒杯下方，很多与她相识的人都不愿与她喝酒。在一次聚会上，本来大家都在开心地聊着，但丫丫却因为他人提及自己的糗事而立刻变得不开心，全程黑着脸，不再与那个提及她糗事的人说话，这让对方以及周围的人都感到很尴尬。

» 一只手端酒杯，另一只手抽着烟

心理学家分析，习惯这种姿势端酒杯的人大都比较自信，但很喜欢独来独往；这类人往往比较有才能，在工作中会展现出自己的实力，但在人际关系上由于不注重小节而会得罪一些人。

» 端酒杯（高脚杯）时用食指和中指夹住杯柱，手背撑着杯体

心理学家分析，习惯这种姿势端酒杯的人大都有气质、高雅，内心细腻、为人处世比较得体，多在女性身上有所体现。这个动作让人看起来非常优雅。

比如，乔密是时尚杂志的主编，每次与他人吃饭时，她都习惯用食指和中指夹住杯柱，手背撑着杯体。与她合作的人都会成为长期客户，因为她做事很得体，深得对方的满意。

» 端酒杯（高脚杯）时习惯手握杯柱

心理学家分析，这种姿势大多是品酒师的动作，由于长期饮酒或是职业习惯所导致的。不过，如果仔细观察会发现，如果有的人喜欢手握杯柱时将酒杯在手中旋转或是摇晃，这表明这类人大多比较随性、我行我素；很爱表现自己，善于交际，有不错的异性缘。如果是男性，则比较有情趣，但不可靠；如果是女性，则比较浅薄。比如，上文中郭雯在酒吧中遇到的男生。

» 端酒杯（高脚杯）时习惯双手握着杯子并旋转

心理学家分析，这种姿势往往比较少见，有把玩的意思，这表明此人表面上看起来比较随性，但很有城府；虽然喜欢广结人缘，但没有长久的朋友，只有利益上的伙伴；对异性有很强的占有欲。

除了端酒杯能够洞穿人们的个性，端杯喝茶的各种姿势同样也能够看出人们的内心状态和性格特征：

» 端茶杯时习惯紧握住杯耳

心理学家分析，端茶杯时习惯采取这种姿势的人大多比较喜欢引人注意，做什么事总是我行我素。比如，范颖喝茶时习惯紧握住茶杯的耳朵，每次她到公司，总是人未到声音先到，而且动静非常大。所以，只要她出现，总能引起很多人的注意。

» 端茶杯时喜欢用手捂住杯口

心理学家分析，端茶杯时习惯采用这种姿势的人大多善于伪装，就像捂住杯口那样，他们会用同样的方法来掩饰自己的感情。一般来说，这类人的城府比较深，不会轻易在他人面前暴露自己的真情实感。

» 端茶杯时习惯用小指和拇指来支撑杯子

心理学家分析，端茶杯时习惯这种姿势的人大多具有艺术家的气质，比较爱幻想。不过，这类人常常会因为天马行空的想法而不理会其他人的意见，因此，会受到别人的质疑。

比如，周莹在喝茶时喜欢用小指和拇指来支撑杯子，她总是有很多不切实际的想法。有一次，她与同事说自己想要做一个环游世界的旅行家，将自己所去的地方都拍下来并写成攻略。可同事知道她相当宅，每逢周末、假期从来都不出门，所以建议她先改掉宅在家中的习惯，多出去走走。可周莹却不理会对方的建议，依然幻想着自己环游世界的美梦。

» 端茶杯时一只手紧紧握住杯子，另一手随意划着杯沿

心理学家分析，端茶杯时习惯这种姿势的人大多处于沉思的阶段，可能正在思考某个问题。当与人沟通交流时，发现对方这个动作后，先不要打扰对方。

» 端茶杯时习惯翘起小指

心理学家分析，端茶杯时习惯这个姿势的人大多比较优雅，但往往喜欢以自我为中心，而且有些神经质。这类人很在意小节，对身边的朋友比较吝啬。

» 端茶杯时紧紧握住杯子，有时候会将杯子放在腿上

心理学家分析，习惯这种端茶杯姿势的人大多是一个很好的倾听者，他们之所以会将杯子放在腿上，是为了更专注地听他人讲话。

拿手机姿势暴露个人性格

【 **心理学故事** 】

在朋友的眼中，朱越是一个慷慨大方的人，从来不会因为一点小事而与他人斤斤计较。前段时间，有个朋友从他那里借了三万块钱，在借钱之前本来说是一个月内就会将钱还上的，可后来拖了半年也没有还。

当其他朋友得知这个情况后都说他："你真是太傻了，将钱借出去怎么也不让对方打个欠条呢！"可朱越却回答："没事的，都是朋友，怎么好意思开这个口呢？何况他也是救急用的，等他有钱了自然会还给我的。"

后来，那位朋友确实将钱还给他了，但由于经济上有困难，只还了两万九，对方表示，后续会再将剩下的钱还给他。朱越也知道这位朋友最近事情比较多，便慷慨地对他说："剩下的钱不用还了，我可能以后还会有事麻烦你呢。"这让对方不胜感激。之后，那位朋友与朱越的感情越来越好，只要朱越有什么事，他都会及时赶到。

最近，朱越与相恋三年的女友分手了，很多朋友得知这个情况都纷纷给他打电话安慰他，但朱越云淡风轻地回应他们："我没事的，感情的事情怎么能勉强的呢？适合就在一起，不适合肯定就会分开了。"朋友们听他那样讲，都以为他已经看开了。

而曾经得到朱越帮助的那位朋友虽然打电话安慰他，但依然不放心，特意跑到朱越的家里来看望他。虽然朱越对他说："没事的，没事的，我已经看开了。"但朋友却发现朱越在拿手机时双手握着，并且用两个大拇指在屏幕上不经意地随意划着。

看到他的这个姿势，朋友推断，虽然表面上他看起来很淡定，但内心并不是这样的。他可能正沉浸在悲伤的情绪中无法自拔，但为了保持自己的自尊心，在他人面前显示自己不在乎。其实，他越是表面上不在乎，内心反而很在乎。

于是，那位朋友便不再劝说朱越，也不再谈及他感情方面的事情，而是对他说："最近，有朋友给我几张旅游景点的门票，我这两天正好也有时间，咱们再约几个人出去走走吧，好久没有一起出去玩了。"

其实，朱越这两天一直窝在家里黯然神伤，总是想着他与前女友的快乐时光。听闻朋友这一建议，他也想借此机会出去散散心。后来，多亏了这位朋友的陪伴和散心，朱越才渐渐从失恋的阴影中走了出来。

【 心理学家分析 】

现如今，几乎每个人都有一部手机，手机也成了很多人日常生活的一部分。在大街小巷中，我们经常会看到很多人一边走路一边低着头玩手机。可让人不曾想到的是，有心理学家研究发现，通过拿手机的姿势往往能够洞察一个人的真实个性。

那么，哪些拿手机的姿势能够反映出一个人的内心活动和性格呢？在此，我们就来看看心理学家是如何为我们总结的：

» 单手拿着手机，并且同手的拇指操控屏幕

心理学家分析，习惯这种姿势拿手机的人大多是一个值得信赖的朋友，所以人际关系不错；性格比较直爽、为人真诚，说话总是直来直去的；虽然他们比较有才气，但不喜欢锋芒毕露，也不喜欢太过高调。所以，很多朋友都感觉他们有些神秘；在工作上，他们比较踏实肯干，而且尽职尽责，很有想法和创意。

在感情方面，这类人往往比较谨慎，有很强的自我保护欲，不会轻易地暴露自己的情感。不过，如果他们认准了对方，就会表现得很专一，对对方相当忠诚和信任。

比如，牛辉在拿手机时习惯单手拿着，并且会用同手的拇指划着屏幕，每次部门开会讨论策划方案时，他总是有很多的创意和想法，所以大家都称他"点子王"。

» 一只手拿着手机，另一手的拇指来操控屏幕

心理学家分析，习惯采用这种姿势拿手机的人大多比较风趣幽默，喜欢自嘲，所以周围的人都喜欢与其相处；富有同情心和爱心，喜欢帮助他人；好奇心比较重，有很强的求知欲，所以比较喜欢追求新奇的事物；内心比较单纯，总是希望获得他人的真诚对待，可因为生性善良而会被他人算计和伤害；虽然在很多事情上非常有想法，但他们却放在心里，不愿宣之于口，所以有时候这类人比较孤单。

而在感情方面，他们不善于表达自己的情感，所以常常会选择压抑自己的情绪迎合对方，从而导致两个人产生很多隔阂。因此，心理学家建议，这类人在感情生活中要学会表达，与伴侣多沟通交流，才会让两个人的感情更进一步。

比如，肖潇拿手机时习惯一只手拿着，另一手的拇指来操控屏幕。由于他与人聊天总是喜欢自嘲，经常逗得大家"哈哈"大笑，所以，他到新公司还不到半个月，就与同事们相处得非常融洽，而且大家在没事时都喜欢找他聊天。

» 一只手拿着手机，另一只手的食指操控屏幕

心理学家分析，拿手机时习惯采取这种姿势的人大多思维比较敏捷、头脑清晰，所以反应比较快，在团队中往往充当领导的角色，善于掌控局面；表面上看来，他们喜欢交际和热闹，但内心却希望有一个安稳的生活；平时比较注重艺术修养，所以这类人有独特的人格魅力。

在感情方面，这类人往往比较好相处。不过，他们的感情软肋就是太过心软，即使自己受到很大的伤害，只要不触及其底线，并

且对方真诚地做出道歉，他们都会选择原谅，因为他们不喜欢与恋人争执或是冷战。

» 两只手拿着手机，用两个大拇指操控屏幕

心理学家分析，拿手机时习惯采取这种姿势的人大多比较自信，为人慷慨大方，喜欢交朋友，从来不会因为一点小事而与人斤斤计较，所以很多朋友都喜欢与其深交；在工作中，他们头脑灵活，做事尽职尽责，对自己的要求比较高，总是要求自己做得更好一些，有很强的上进心。

在感情方面，这类人往往表面上看起来很淡定，但内心却不是这样，很容易沉浸在过去的悲伤情感中。可是，由于他们总喜欢保持高自尊，所以即使自己很在乎，也会让他人感到自己不在乎，装出一副无所谓的样子。比如，上文中提及的朱越，与女友分手后虽然内心很悲伤，却装出一副满不在乎的样子。

从站姿窥视内心

【心理学故事】

　　赵雷与女友相恋两年了，可是两个人却因为工作的原因相隔两地，只能在假期小聚。其实，他们原来在同一个地方，但赵雷的公司由于业务拓展，所以派赵雷去了外地。谁知，这一去竟然已经有一年多了。最近，赵雷听公司内部传来消息：过一段时间他们可能就能回到"大本营"了。这让赵雷非常开心，终于不用再和女友分隔两地了。

　　适逢假期，他回来看女友时，第一时间就想把这件事告诉对方。可这次回来，赵雷却发现女友对他似乎有距离感，而且没有以往那么亲密了。当他进门时，女友并没有像之前那样开心地拥抱他，而是淡淡地说了一句"你回来了"。然后，她单脚直立，另一条腿稍微有些弯曲地站在门边。这让赵雷立刻感到他与女友之间有距离感，而且女友似乎在隐藏着内心的真实想法，不愿与其坦诚相对。

　　赵雷见此状，不再多说什么，他本来打算先带女友去吃饭的，吃完饭再告诉她这个好消息。可此时女友用这种态度对他，让他心里有些失落。当女友听到要出去吃饭时，声称身体不舒服，不想出去。当两个人尴尬地坐在那里时，女友的电话总是响个不停，好像有很多的信息，但她似乎碍于赵雷在，没有及时回复。

后来，女友的电话响了起来，她不得不接起电话，但走到了阳台上去接，并且把阳台的推拉门拉上了。由于推拉门是一扇透明的玻璃门，坐在客厅的赵雷很清楚地观察到女友在接电话时的状态。

他发现女友站在阳台上接电话时是用脚后跟着地，而不是整个脚掌着地，而且背部靠着阳台，不停地抬起前脚掌，有节奏地做着这样一个重复的动作。与此同时，在接电话的过程中，女友似乎很开心，刚刚还说自己身体不舒服，可现在似乎一点事也没有。

此时，赵雷突然意识到，女友可能已经移情别恋了。因为这种站姿他经常看到，特别是女同事给自己男友打电话时，心情总是非常愉悦。想到这里，赵雷的内心更加感到失落，胸口好像被什么东西压住似的。他不愿再尴尬地坐在那里，没有跟女友打招呼就默默地离开了。

后来，他从女友与他的共同好友那里得知，前段时间，女友生病时无人照顾，她的一位男同事一直在她身边悉心照顾，经常接送她上下班，两个人渐渐有了感情。

【心理学家分析】

有心理学家表示，站姿犹如性格的一面镜子，通过这个动作能够窥视出他人的内心和真实的个性。的确，经过仔细观察，我们会发现，每个人的站姿都是不同的：有的人习惯双脚自然站立，有的人喜欢手叉腰双腿分开站着，还有的人习惯含胸驼背地站着。那么，这些不同的站姿能够反映出人们的哪些内心活动和性格呢？在此，就来看看心理学家是如何为我们总结的。

» 站立时双脚自然站着，双手插在兜里，并不时地伸出来放进去

心理学家分析，习惯这种站姿的人大多比较小心谨慎，做什么事总是三思而后行，如果让他们决定做某件事，往往需要给其一份计划；这类人在工作中不懂得灵活性，总是生硬地解决一些问题，在事后却会感到后悔；他们常常将自己关在一个房间中思考未来，但他们大多会因为承受不了失败和挫折的打击而变得垂头丧气。

» 站立时双脚形成内八字形

心理学家分析，这种站姿大多表现在女性身上，它往往有软化态度的意味。很多女性在担心自己的支配欲和控制欲过强时，就会采取这种姿势。

比如，男友总是向欣欣抱怨她的控制欲太强了，经常让自己依从她的意思做事，这让他感到很烦。其实，欣欣也意识到自己的这个问题，所以之后她再有让男友按照她的意思做事的想法时，就会在站着时双脚形成内八字形。

» 站立时双手交叉放在胸前，两脚平行

心理学家分析，习惯这种站姿的人大多有叛逆意识，时常会忽略他人的存在，有较强的攻击性；这类人往往有很强的创造力，并不是因为他们比其他人聪明，而是敢于表现自己。

» 站立时双手叉着腰，双脚分开

心理学家分析，习惯这种站姿的人往往有很强的自信心，由于他们的双脚分开，并且比肩膀宽，会让人看后感觉他们的身躯扩大了似的，从而给人一种很威风的印象。如果采用这种站姿时还出现脚尖拍打地面的动作，则表明他们的领导权威是不可撼动的。

比如，刚刚晋升为经理的董鑫，与其他人谈话时总是习惯双手叉着腰，双脚分开站着，有时候还配合着脚尖拍打地面的动作。看到他的这种动作，很多员工都会恭敬地向他打招呼。

» 站立时将双手插在兜里

心理学家分析，习惯这种站姿的人大多不愿表露自己内心的真实想法；如果采用这种站姿时还会弯着腰、弓着背，则说明他们在生活或是工作中可能遇到了不顺心的事情；这类人往往缺乏独立性，做事总喜欢走捷径。

» 站立时含胸驼背

心理学家分析，习惯这种站姿的人大多缺乏自信和安全感，而且性格比较内向保守。不过，这种站姿也不排除在青春期发育时没有培养健康的习惯，从而形成了这种站姿。

比如，晓雅在站着时总是喜欢含胸驼背，今年已经20岁了，可她从来不敢穿短裙，她总认为出门穿短裙很没有安全感。所以整整一个夏季，她都穿着牛仔裤。

» 站立时双脚自然站着，左脚在前，左手放在裤兜中

心理学家分析，习惯这种站姿的人很擅长处理人际关系，如果他们与客户建立关系，常常会站在客户的角度去考虑。不过，如果让其遇到比较愤怒的事，他们也会火冒三丈。在感情方面，他们很讨厌将感情建立在金钱之上，也相当讨厌他人说自己为了某种目的而与别人交往。

» 站立时用手有意无意遮住裆部

心理学家分析，这种站姿一般是男性所采取的姿势，是一种防御性的动作，他们之所以会用手遮住要害部位，说明内心可能有些不安，正准备接受批评。

比如，任超因为在就寝时间偷偷翻校墙想出去上网，却被巡夜老师当场抓住。在办公室中，只见他站在墙边，用手有意无意遮住裆部，准备接受老师的训斥。

» 站立时两脚交叉并拢，一手托着下巴，另一只手托着手臂肘关节

心理学家分析，习惯这种站姿的人大多工作很认真，做事情非常投入，是个典型的工作狂。正因为如此，他们常常会为了工作而将伴侣冷落在家。这类人往往比较多愁善感，但很有爱心和奉献的精神。

» 站立时用脚后跟着地，而不是用脚掌着地

心理学家分析，这种动作被称为反重力站姿，他们采用这种站姿时往往会背靠着墙壁，不时地抬起一只脚的前脚掌，并有节奏地重复做着这个动作。这表明此人的心情非常好，如同明媚的好天气。在日常生活中，我们仔细观察会发现，很多与心爱的人打电话的女孩子会有这样的站姿。比如，上文中赵雷的女友移情别恋后，与喜欢的男生打电话时就采用了反重力站姿。

» 站立时挺胸收腹

心理学家分析，采用这种站姿，并且目光平视，表明此人有很强的自信心，而且比较在意他人对自己的看法，希望在他人的眼里，自己是一个有修养的人。另外，当人心情比较愉快时也会采用这种站姿。

» 站立时一条腿直立着，另一条腿弯曲或是交叉于一侧

心理学家分析，习惯这种站姿的人往往是在表达一种保留的态度或是轻微的拒绝之意，也可能是对方的内心感到有些拘束或是缺乏信心的表现。比如，高瑜的同事提出在周六晚上大家一起去唱K，但高瑜本打算周六窝在家里不出门的。当听到同事的提议时，他站在那里一条腿直立着，另一条腿弯曲于一侧。

» 站立时双脚并拢，双手背在身后

心理学家分析，习惯这种站姿的人往往与其他人相处得很融洽，可能是因为他们比较喜欢服从他人；这类人在工作中没有什么创新意识，虽然给人一种踏实感，但对任何事都没有反对的意见。在感情上，他们大多比较急躁，经常会对某个异性死缠烂打，可一旦让他们接受爱情的长期考验，他们往往会成为逃避者。

通过握方向盘姿势可看穿个性

【心理学故事】

孔桦今年 20 多岁了，是某公司的一名员工，虽然他在这里才做了大半年，但他做事负责的态度却受到了领导的青睐。没过多久，他就被提升为部门小组长。

最近，公司组织员工外出旅行，在某处景点游玩的时候，有同事发现这里有很多共享汽车，于是建议开车自驾游，这样不仅能够随意享受美好的景色，而且也能自由分配时间，不像跟团游那么紧张。大家听后，都纷纷表示赞同。而孔桦在大学就考了驾照，自然充当司机的角色，他与部门领导以及其他两名同事共乘一辆车。一路上，他们一边聊天一边欣赏附近的景点，非常开心。

在行驶的过程中，部门领导发现孔桦在开车时喜欢握着方向盘下方，但手心却朝向自己。因此，领导猜测他做事很果决，而且非常负责。这一点在工作上的确有明显的体现，他来公司半年多了，不管交给他什么样的工作任务，他总能保质保量地完成，而且非常负责任。

另外，领导从他的这个姿势中还推断孔桦很有领导范儿，身边的人总喜欢向他寻求建议。刚刚在分配车子时，领导就注意到了，他很快就安排好了乘坐的方案，所以大家才顺利地出行。而在游玩的过程中，有些同事不时地询问他一些生活方面的事情，比如，孩子正准备参加中考，如何才能让孩子更专心地复习等。而孔桦本来就是一个高才生，给同事介绍的复习方法也是头头是道，这让对方听后非常满意。

这次旅行结束后，领导更加器重孔桦，总是给他一些比较重要的任务。果不其然，孔桦从来没有让领导失望过，各种任务都完成得很出色。

【心理学家分析】

现如今，很多人出行都会选择汽车作为代步工具。如果我们仔细观察会发现，每个人开车握方向盘的姿势都是千奇百怪的：如果是刚刚考到驾照的"菜鸟"，驾驶汽车时都是使用标准的姿势来握着方向盘；如果是老司机，开车技术很娴熟，就会很随意地握着方向盘。因此，心理学家表示，通过握方向盘的姿势往往能够发现一个人的真实个性。

那么，哪些握方向盘的姿势能够暴露一个人的内心状态和性格呢？在此，我们就来看看心理学家是如何为我们总结的。

» 开车时双手握住方向盘上面的位置，并且身体靠近方向盘

心理学家分析，开车时习惯采用这种姿势的人大多比较小心谨

慎，内心总是处于不安的状态，所以开车过路口时会多次确认安全后才通过。他们做任何事都是如此，如果没有百分之百的把握，他们是不会去做的，所以这类人从来不会做没有把握的事情。

比如，佩佩在开车时习惯双手握住方向盘上面的位置，并且身体靠近方向盘，每次开车过路口时，她都非常小心，即使周围没有其他车辆和行人，她依然会再三确认。

» 开车时双手握着方向盘

心理学家分析，开车时双手握着方向盘的人大多喜欢追求完美，非常注重细节，不管做什么事都会提醒自己要做到尽善尽美、做到最好。所以任何事他们都想亲自上手，这种性格为他们积累了不少成功的经验，所以做事情也更加顺利。

不过，这类人虽然表面上看起来比较温和、随意，遇到什么事也不会生气，但其实他们是在压抑自己的情绪，一旦爆发出来会相当惊人。

» 开车时双手握住方向盘的中间部分

心理学家分析，开车时握住方向盘的中间部分的人大多喜欢和平地与人相处，非常讨厌纷争，所以与这类人相处会感觉很舒服。在日常生活中，他们常常充当调解的角色，希望每件事最后都能圆满而和平地解决。

比如，小曹在开车时喜欢双手握住方向盘的中间部分，认识他的人都喜欢与他相处，因为他是一个和平主义者，从来不会与他人发生争执。有他在的地方似乎总是天下太平，因为他经常会出面调解纷争。

» 开车时单手握住方向盘上部

心理学家分析，开车时习惯单手握住方向盘上部的人大多不懂人情世故，也从来都不关心其他事情，在日常生活中遇到困难和挫折就会选择逃避；这类人从来不愿意考虑未来，也不为将来做打算，只希望能够快乐地享受当下。

» 开车时一只手握着方向盘，另一只放在腿上

心理学家分析，开车时习惯采用这种姿势的人大多比较喜欢冒险、刺激性的事物，他们常常会对冒险的事情感到很兴奋。在感情方面，这类人总认为趁着年轻要多结交一些朋友，认识不同个性的人，一旦认准了对象，就会全力付出，让对方感到幸福。

比如，韩东在开车时习惯一只手握着方向盘，另一只放在腿上，他平时最喜欢的活动就是去玩滑翔翼或是蹦极，因为他非常享受那种刺激的体验。

» 开车时一只手握着方向盘，另一只手放在挡把上

心理学家分析，开车时习惯采取这种姿势的人喜欢简单，他们认为生活越简单越好。在人际关系上也是如此，他们总是喜欢有话直说，从来不会矫揉造作，喜欢与真诚的人做朋友。所以他们的朋友交得不多，但很注重质量。

» 开车时握着方向盘下方，但手心朝向自己

心理学家分析，开车时习惯采取这种姿势的人往往具有领导的潜质，做事总是很果决，而且非常负责任；与人相处时，其他人总是会向他们寻求建议和指导，所以这类人不管是在生活中还是工作上都很有领导范儿。可是，在感情方面，他们往往很难找到心仪的对象。

比如，上文中提及的孔桦，在开车时就习惯握着方向盘下方，但手心朝向自己，很多同事都喜欢向其讨教一些建议，而他给出的建议也总是很中肯。

» 开车时握着方向盘下方，但手心朝着外面

心理学家分析，开车时习惯采取这种姿势的人往往很会活跃现场气氛，而且是一个十足的捧场王，能让身边的朋友感受到快乐。另外，他们还是很好的聆听者，会耐心而安静地倾听他人的诉说，当朋友开心时，他们也从心里为对方感到开心。

其实，除了握方向盘的姿势能够看穿他人的个性外，驾车的方式和偏好哪种汽车类型也能够暴露出一个人的内心秘密。在此，我们就来看看心理学家是如何分析的。

» 开车速度比较慢

心理学家分析，开车速度比较慢的人总是认为自己无法掌控一切，所以即使有人授权于他们，他们也会将权限缩得很小。不过，这类人往往有嫉妒之心，总是嫉妒他人会超越自己。

» 按照规定的速度开车

心理学家分析，按照规定的速度开车的人往往将安全放在第一位，开车时从来不会与他人争抢车道，总是礼让对方；在工作中，他们不喜欢锋芒毕露，认为这样才会避免被人伤害。另外，这类人

不管做什么事情都是采取中庸的态度，即使有很大的把握，也不会贸然行事。

比如，郑嘉开车时习惯按照规定的速度来驾驶，坐过他车的人都说："郑嘉开车最让人放心了，简直比坐火车还安全。"所以，与朋友出去玩时，大家都喜欢坐他的车或是让他来驾驶。

» 开车时驾驶速度比较快

心理学家分析，开车时驾驶速度比较快的人大多比较喜欢过自己想要的生活，即使在生活中遭遇一些困难和挫折，他们也会默默承受和面对。

» 喜欢轿车

心理学家分析，喜欢轿车的人大多自我感觉不错，总是喜欢向他人炫耀，希望以此获得别人的尊重和爱戴。比如，孙争很喜欢轿车，最近他贷款买了一款刚推出的轿车，刚拿到轿车，他就立刻拍照发朋友圈炫耀。

» 喜欢节油型的汽车

心理学家分析，喜欢节油型汽车的人往往比较踏实，而且有着务实的生活态度。虽然过去的他们可能比较放纵，但如今却会为了保持自己的身份和地位而不断地进取。

» 喜欢敞篷车

心理学家分析，喜欢敞篷车的人大都喜欢自由自在而又不受拘束的生活，所以，这类人做事往往比较率性。比如，小武非常喜欢敞篷车，虽然家人为他介绍了一个在事业单位上班的工作，但他却受不了那种拘束的生活，没做多久，他就辞职做了一名自由撰稿人。

» 喜欢双车门车型

心理学家分析，喜欢双车门车型的人大多比较有控制欲，这类人往往只顾及自己的感受，常常会忽略其他人。

» 喜欢四车门车型

心理学家分析，喜欢四车门车型的人往往会尊重他人的选择，即使对方的选择并不顺从自己的意愿。比如，喜欢四车门车型的朱倩在与朋友外出旅行时，在住宿的问题上出现了小分歧，因为她比较喜欢向阳的房间，可朋友却喜欢背阴的。不过，最后她还是尊重朋友的选择，选了一间宽敞而干净的背阴房间。

睡姿反映了真实性格

【心理学故事】

近日，袁媛与好友周瑾参加聚会时对一个男生很中意，但她不敢轻易向对方表白，一方面是由于她对暗恋的对象还不是很熟悉，不知道对方的品性如何；另一方面也是因为上段恋情就是因为她不了解对方而最终以分手告终，所以，这让袁媛不敢随便跨出第一步。

当她将这件事向好友周瑾倾诉时，好友听后安慰她说："你先不要贸然去表白，我先帮你打听一下他的情况，再仔细观察一下对方，最后我们再做决定。"没过多久，周瑾就告诉袁媛那个男生的基本情况。在了解其基本情况后，袁媛对他还比较满意，但为了更了解对方，周瑾建议还是组一个唱K的饭局，以深入了解对方。

周末，周瑾和袁媛约了几个朋友以及那个男生去吃饭、唱K。在吃饭的过程中，当几个人在一起聊天的时候，袁媛发现那个男生在说话时总是以自我为中心，而且根本不考虑他人的感觉，这让她对对方的印象有些改变。

由于饭局中几个男生都喝了酒，到了KTV后，袁媛中意的那个男生便在包间中睡了起来。此时，周瑾发现对方在睡觉时一直趴着睡。在这个局结束之后，周瑾与袁媛走在回家的路上，劝她说："你还是不要对那个男生表白了，刚刚他在睡觉时，我发现他一直趴着睡，这表明对方可能是一个心胸狭窄而且喜欢以自我为中心的人。另外，他可能喜欢强迫他人适应自己的需求，总认为自己想要的就是他人所需要的，而且根本不在乎他人的感觉。所以，如果你真与这种人在一起，你会感到很累的。"

袁媛频频点头，赞同地说："的确是这样，刚刚在吃饭时我也注意到了，他说话时太以自我为中心了，根本不顾他人说什么，所以我对他的好感度也有所降低。现在听你这么分析，我对他更没有什么好感了。"

【心理学家分析】

有心理学家经过研究发现，不同的姿势往往反映出人们不同的性格类型，这是因为睡姿是受意识控制极少的下意识动作。所以，它传达出来的信息很少有欺骗性，能够真实地反映出人们的个性。

在日常生活中，我们在仔细观察后会发现，有的人在睡觉时习惯侧着睡，并将手挡在大腿旁边；有的人睡觉时喜欢仰卧，将双手放在小腹上；还有的人则习惯抱着玩具或是抓住衣被睡觉。而这些不同的睡姿反映出人们什么样的个性呢？在此，我们就看看心理学家是如何为我们总结的。

» 睡觉时蜷缩成胎儿的形状

心理学家分析，习惯这种睡姿的人大多比较敏感，虽然外表看起来比较坚强，但内心很柔弱；其背部拱起来，是形成一种有力的自我保护，当自己遭受挫折或者痛苦时，这种姿势能给自己一种安全感。一般来说，这类人在与他人第一次见面时可能会有些害羞，但很快就能放松下来。

» 睡觉时枕在胳膊上

心理学家分析，习惯这种睡姿的人大多是温文有礼、较为诚恳的人。不过，这类人往往喜欢追求完美，总是希望什么事情都能做得完美无缺。

比如，张宾发现新来的部门经理在午睡时总喜欢枕在胳膊上睡，由于他做事太过追求完美，所以张宾与其他员工对此都苦不堪言，经常做一个方案需要修改数十次。

» 睡觉时习惯仰卧，并将双手放在小腹上

心理学家分析，习惯这种睡姿的人虽然人际关系不错，但没有什么异性缘，这是因为在朋友中，他们往往比较亮眼，所以让异性朋友感到有压力，担心自己不小心就会成为众矢之的。因此，这类人如果想要提升自己的异性缘，想让更多的异性注意自己，就应该适时地收敛一下自己在同性朋友中所散发的魅力。

» 睡觉时习惯侧躺在一边

心理学家分析，习惯这种睡姿的人大多比较自信，由于他们非

常努力，所以做什么事都能取得成功。另外，这种姿势也代表他们将来会成为一种有钱、有权势的人。

比如，黄杰在睡觉时喜欢侧躺在一边，当其他同学都在考研时，他却开始了创业，因为他看准了当前的商机，并认为自己能够成功，在坚持不懈的努力下，他的创业之路走得很顺利。

» 睡觉时习惯抱着玩具或是抓住衣被

心理学家分析，习惯这种睡姿的人往往对异性有着很强的警惕心，在选择朋友时也非常慎重，所以这类人的精神状态有些紧绷。他们与异性相处时过于注重精神交流，追求的是柏拉图式的恋情。因此，专家建议，这类人在与异性相处时不能过于理想化，应该换个角度来看待对方，这样才能更加轻松地与对方相处。

» 睡觉时习惯趴着睡

心理学家分析，趴着睡，就是肚子朝下，这种睡姿表明此人可能心胸比较狭窄，并以自我为中心；强迫他人适应自己的需求，认为自己所需要的就是他人所需要的，根本不在乎他人的感觉或是经常以散漫的态度来对待他人。比如，上文中袁媛暗恋的那位男生。

» 睡觉时身体平躺，两只胳膊稍微上举并抱枕

心理学家分析，习惯这种睡姿的人大都喜欢帮助他人，对他人慷慨解囊，所以人际关系不错；与他人相处时，是很好的倾听者。不过，他们在公众场合中不喜欢自己成为焦点。

比如，宋超在睡觉时喜欢身体平躺着，两只胳膊稍微上举并抱枕，他乐于助人的性格让他的周围有很多朋友，只要朋友需要帮

忙，他总是尽自己最大的能力来帮助对方。

» 睡觉时四肢呈现大字形

心理学家分析，习惯在这种睡姿的人大多崇尚自由，为人较为热情、真诚，与这种人相处会让人感到很舒服。不过，这类人喜欢挥霍，但好在他们有赚钱的能力。另外，他们比较喜欢多管闲事，而且有时候会说长道短。

» 睡觉时习惯仰面平躺，双手紧贴身体的两侧

心理学家分析，习惯这种睡姿的人性格比较内向，而且思想较为保守；他们总是会遵守严格的标准，时间久了，他们也会严格地要求他人。

比如，很多军人睡觉时习惯仰面平躺，双手紧贴身体的两侧，他们在部队中待一段时间后就会一丝不苟地遵守部队中的标准，如按时起床、就寝等。后来，他们回家探亲时也会严格地要求身边的人如此。

» 睡觉时习惯一只膝盖弯曲

心理学家分析，习惯这种睡姿的人比较喜欢抱怨、发牢骚；他们的神经常常处于紧绷的状态，很容易大惊小怪，而且很难取悦。因此，心理学家建议，这类人应该告诉自己：生活中的事情其实没什么大不了的，要用放松的心态来面对。

除了睡姿能够真实地反映出一个人的性格外，选择何种款式的床也能看出人们的内心状态和个性。

» 喜欢大型号的床

心理学家分析，喜欢这种类型的床的人希望能够有让自己自由

伸展的空间，所以一直在为此努力争取；这类人往往不愿他人非常彻底地了解自己，所以他们总是与别人保持一定的距离，以让自己显得有些神秘感。

» 喜欢圆头床

心理学家分析，喜欢圆头床的人往往有很强的叛逆性，不喜欢遵守既定的规则；这类人做事比较马虎，总是喜欢我行我素。比如，爱睡圆头床的小郭经家人介绍在一家事业单位工作，可他做事却马马虎虎，我行我素，这让领导对他颇有微词。没过多久，领导以散漫的工作态度为由将其辞退了。

» 喜欢周围有精巧的金属架并有柱子的床

心理学家分析，喜欢这种类型的床的人大都缺乏安全感，他们总是想要找一些东西来保护自己，而这种床则成为他们最好的选择；他们做事比较讲究原则，什么都分得一清二楚。另外，这类人的疑心比较重，常常不会轻易相信他人，所以，与人相处时他们很容易产生挫败感。

» 喜欢折叠床

心理学家分析，喜欢折叠床的人往往有双重性格，他们有时候会深深地压抑自己的情感，有时候则会无节制地放纵自己。这类人有时候比较缺乏责任心，面对该承担的责任常常会选择逃避。不过，他们会将大部分的时间和精力放在工作中，在此期间，他们会将自己的各种情感隐藏起来。

比如，胡华习惯睡折叠床，在他的工作场所中，经常放着这样一张床，这是因为他总是将自己大多数时间和精力投入工作中，只有感到很累的时候才会在床上休息几个小时，而后继续工作。别人不知道的是，其实在他疯狂工作的这段时间，妻子正在与他闹离婚。

» 喜欢单人床

心理学家分析，喜欢单人床的人对自己要求比较严格；为人处世小心谨慎，但有时候有些木讷；对工作比较认真负责，做事很有毅力。

虽然说睡觉是一件很惬意的事，但在特别放松的状态下，睡姿却能够真实地反映出人们真实的心理状况和个性。因此，与人交往时，通过观察他人的睡姿能够了解更多对方不为人知的心理秘密。